VERSTÄNDLICHE WISSENSCHAFT

SECHSUNDDREISSIGSTER BAND

FLIEGEN · SCHWIMMEN SCHWEBEN

VON

WERNER JACOBS

SPRINGER-VERLAG

BERLIN · GÖTTINGEN · HEIDELBERG

1954

FLIEGEN · SCHWIMMEN SCHWEBEN

VON

DR. WERNER JACOBS

PROFESSOR AN DER UNIVERSITÄT MÜNCHEN

ZWEITE, NEU BEARBEITETE AUFLAGE
6.—11. TAUSEND

MIT 97 ABBILDUNGEN

SPRINGER-VERLAG

BERLIN · GÖTTINGEN · HEIDELBERG

1954

ISBN-13: 978-3-642-94638-7   e-ISBN-13: 978-3-642-94637-0
DOI: 10.1007/978-3-642-94637-0

Druck von J. P. Peter, Gebr. Holstein, Rothenburg o. T.

Inhaltsverzeichnis

Herkunftsnachweis der Bilder

Die meisten Bilder wurden nach meinen Angaben unter mehr oder weniger starker Anlehnung an vorhandene Vorbilder von Dr. *R. Ehrlich*, München, neu gezeichnet. Eine größere Anzahl von hier nicht gesondert aufgeführten Bildern stammt von eigenen Aufnahmen oder ist entnommen aus Jacobs, *Das Schweben der Wasserorganismen*. Erg. d. Biol. 11, 1935 und aus einigen weiteren Arbeiten von mir. Die übrigen Vorbilder sind im Folgenden der Reihe nach angegeben.

Hegi: *Flora von Mitteleuropa* und Schmidt, R.: 1939. Abb. 3.
Hustedt, F.: *Die Kieselalgen* in: Rabenhorst, *Kryptogamenflora* Bd. 7, Leipzig 1930. Abb. 7.
Böker, H.: 1935. Abb. 8.
Rudolph: *Photo.* Abb. 9.
Brehm: *Tierleben.* 4. Aufl. Bd. 6, Leipzig u. Wien 1911. Abb. 10.
Stolpe u. Zimmer: 1937. Abb. 14—16.
Schmidt, R.: 1939. Abb. 17.
Idrac, P.: 1932. Abb. 19.
Holst, E. v.: 1951. Abb. 22—25.
Schack-Leege-Focke: *Wunder des Möwenflugs.* Frankfurt 1937. Abb. 26.
Abel, O.: *Lebensbilder aus der Tierwelt der Vorzeit.* 2. Aufl. Jena 1927. Abb. 28.
Möhres, F. P.: *Photo.* Abb. 30 u. 31.
Holst, E. v.: 1951. Abb. 32.
Weber, H.: *Biologie der Hemipteren.* Berlin 1930. Abb. 34.
Spandl, H.: *Copepoda* in: Schulze: *Biol. d. Tiere Deutschlands.* Abb. 45.
Zum Teil nach Dawydoff: *Traite d'embryologie comparée des invertébrés.* Paris 1928. Abb. 51.
Ludwig, W.: *Zeitschr. vergl. Phys.* 13, 1931. Abb. 52.
Krijgsman, B. J.: *Arch. f. Prot.kunde* 52, 1925. Abb. 54.
Chun, C.: *Ctenophora* in: *Fauna u. Flora d. Golfs v. Neapel.* Abb. 55
Rauther: *Echte Fische* in: Bronn: *Klassen u. Ordnungen d. Tierreichs.* Abb. 56.
Hesse-Doflein: 1935. Abb. 57—59.
Weber, H.: *Zeitschr. vergl. Phys.* 5, 1927. Abb. 61.
Slijper, E. J.: *Die Cetaceen vergl. anatomisch und systematisch.* Capita zoologica 7, 1936; und: Howell, A. Br.: *Aquatic mammals.* Baltimore 1930. Abb. 63.
Dykgraaf, S.: *Zeitschr. vergl. Phys.* 5. 1927. Abb. 65.
Schensky: *Photo.* Helgoland. Abb. 66.
Schuhmacher, E.: *Photo.* München. Abb. 67.
Sanden, W. v.: *Photo.* Abb. 68.
Neu, W.: 1931. Abb. 69.
Stresemann, E.: 1937. Abb. 70 u. 71.
Frank, H. R., u. Neu, W.: 1929. Abb. 72.
Korschelt, E.: *Der Gelbrand.* Bd. 2, Leipzig, 1923. Abb. 75.
In Anschluß an Huth, W.: *Arch. f. Prot.kunde.* 30, 1913. Abb. 83.
Schuhmacher, E.: *Photo,* Umschlagbild.

Schriftennachweis

Anstatt eines erschöpfenden Nachweises, der viel zu umfangreich würde, sollen nur einige Schriften allgemeinen und besonderen Inhaltes angeführt werden.

Beutler, R.: *Zeit und Raum im Leben der Sammelbiene.* Naturwiss. 37, 1950.

Böker, H.: *Vergleichende biologische Anatomie der Wirbeltiere.* Bd. 1. Jena 1935.

Buddenbrock, W. v.: *Der Flug der Insekten;* in: Bethe, Handb. d. norm. u. pathol. Physiologie, Bd. 15, 1, Berlin 1930.

Frank, H.R., u. Neu, W.: *Die Schwimmbewegungen der Tauchvögel (Podiceps).* Zeitschr. vgl. Physiol. 10, 1929.

Hesse-Doflein: *Tierbau und Tierleben.* Bd. 1, 2. Aufl. Jena 1935.

Heumann, L.: *Vergleichende Untersuchungen über die Hydrostatik einiger Schwimmkäfer und ihrer Larven.* Zeitschr. vgl. Physiol. 31, 1948.

Holst, E. v.: *Untersuchungen über Flugbiophysik. I.* Biol. Zentralbl. 63, 1943.

— *Über „künstliche Vögel" als Mittel zum Studium des Vogelflugs.* Journ. f. Ornithol. 91, 1943.

— *Prinzipien des Tierflugs und ihre technische Bedeutung.* Fra fysikkens verden 1951

Idrac, P.: *Experimentelle Untersuchungen über den Segelflug.* München u. Berlin 1932.

Jacobs, W.: *Das Schweben der Wasserorganismen.* Erg. d. Biol. 11, 1935.

— *Beobachtungen über das Schweben der Siphonophoren.* Zeitschr. vgl. Physiol. 24, 1937.

— *Das Problem des spezifischen Gewichtes bei Wassertieren.* Arch. Hydrobiol. 39, 1943.

Jones, F.R.H., and Marshall, N. B.: *The structure and functions of the teleostean swimbladder.* Biol. Rev. 28, 1953.

Lorenz, K.: *Beobachtetes über das Fliegen der Vögel und über die Beziehungen der Flügel- und Steuerform zur Art des Fliegens.* Journ. f. Ornithol. 81, 1933.

Möhres, F. P.: *Über die Ultraschallorientierung der Hufeisennasen.* Zeitschr. vgl. Physiol. 34, 1953.

Neu, W.: *Die Schwimmbewegungen der Tauchvögel (Bläßhuhn und Pinguine).* Zeitschr. vgl. Physiol. 14, 1931.

Peters, H. M.: *Über Bau, Entwicklung und Funktion eines eigenartigen hydrostatischen Apparates larvaler Labyrinthfische.* Biol. Zentralbl. 66, 1947.

— *Beiträge zur ökologischen Physiologie des Seepferdes (Hippocampus brevirostris).* Zeitschr. vgl. Physiol. 33, 1951.

Rempe, H.: *Untersuchungen über die Verbreitung des Blütenstaubes durch die Luftströmungen.* Planta 27, 1937.

Schmidt, R.: *Flug und Flieger im Pflanzen- und Tierreich.* Berlin 1939.

Stolpe, M., u. Zimmer, K.: *Physikalische Grundlagen des Vogelfluges.* Journ. f. Ornithol. 85, 1937.

Stresemann, E.: *Aves;* in: Handbuch d. Zool., Bd. 7. Berlin u. Leipzig 1937.

Ulbrich, E.: *Biologie der Samen und Früchte.* Berlin 1928.

Weber, H.: *Lehrbuch der Entomologie.* Jena 1933.

Einleitung

Die meisten Lebewesen müssen, wie der Mensch, für Ruhe und Bewegung dauernd oder doch zeitweilig einen „festen Boden unter den Füßen" haben. In der Regel ist ihnen die Erdoberfläche direkt oder indirekt diese Stütze; sie sind Bodenbewohner. Das gilt auch für viele Tiere im Wasser. Nur vergleichsweise selten wird die Tragkraft der Wasseroberfläche genützt, in besonderer Weise etwa von den zu den Wanzen gehörenden Wasserläufern, die sich, getragen von der Oberflächenspannung, geschickt auf Teichen oder Bächen tummeln. Indessen, der freie Wasser- oder Luftraum ist ja keineswegs leblose Wüste. Es gibt eine immerhin beträchtliche Zahl — meist kleiner — Tiere und Pflanzen, die eine mehr oder weniger lange Spanne ihres Lebens, ja ihr ganzes Dasein fern vom Boden frei im Wasser verbringen. Ein Dauerbewohner des Luftraums ist nicht bekannt. Jeder aber weiß, daß Tiere aus den verschiedensten Gruppen gute Flieger sind. Wir nehmen es als so selbstverständlich hin, wenn wir sehen, wie die Möwe sich im Winde wiegt, die Biene von Blüte zu Blüte eilt, die Fledermaus in der Dämmerung dem Insektenfang obliegt. Der Mensch ist recht stolz darauf, daß auch ihm schließlich mit den Mitteln moderner Technik die „Eroberung der Luft" gelang. Aber es mag uns nachdenklich stimmen — die Pioniere des Menschenfluges hat es immer beschäftigt —, daß der Natur dies Wagnis mehrfach und schon vor Millionen von Jahren geglückt ist. Inwiefern gibt uns die Fähigkeit von Lebewesen, sich im freien Raum — Wasser oder Luft — aufzuhalten, in besonderer Weise Fragen auf?

Grundstoff alles Lebens ist die „lebende Substanz", das Protoplasma. Es ist eine wäßrige Lösung von Salzen und verschiedensten organischen Stoffen, vor allem von Eiweiß; seine Zusammensetzung darf sich nur in recht geringem Ausmaß ändern, soll die Lebensfähigkeit erhalten bleiben. Es ist, wie die folgende Übersicht zeigt, vergleichsweise schwer; es wiegen:

1 l Protoplasma . . . . etwa 1050 g
1 l Luft (o⁰, 760 mm Hg-Druck) . . . . 1,293 g
1 l reines Wasser . . . . 1000 g
1 l Nordseewasser (15⁰, ca. 33 Promille Salzgehalt). 1025 g

Protoplasma ist also nicht nur schwerer als Luft, sondern sogar schwerer als Seewasser. Das gilt in noch höherem Maße für viele vom Plasma abgeschiedene Stoffe, besonders für die so weit verbreiteten Skelettstoffe, etwa aus Kieselsäure oder Kalksalzen (1 l Knochensubstanz wiegt 1936 g). Alle Lebewesen, die sich frei im Raum bewegen, müssen also irgendwie das Übergewicht, das sie zu Boden ziehen möchte, überwinden. Wie kann das geschehen?

Dem Menschen gelang das Fliegen auf verschiedene Weise: das Segelflugzeug nutzt aufwärtsgerichtete Luftströme aus; das Motorflugzeug wird nach dem Propeller- oder Raketenprinzip aktiv vorangetrieben. In beiden Fällen bleibt der fliegende Teil schwerer als Luft. Anders der Ballon: er wird durch Einlagerung eines leichten Gases ebenso schwer oder gar leichter als die Luft; er kann „schweben".

Die gleichen Prinzipien gelten in mannigfaltigen Abwandlungen auch für die Lufteroberer unter den Tieren und Pflanzen und grundsätzlich auch für die Bewohner des freien Wasserraums; nur sind im letzten Fall die Bedingungen wegen des viel geringeren Übergewichts der lebenden Substanz ungleich günstiger.

Ausnützen von Luft- und Wasserströmungen

Altweibersommer

Es ist ein milder, sonniger Oktobertag mit leichter Brise. Unzählige weiße Spinnwebfäden segeln vor dem Wind dahin, bleiben an den Grashalmen, am Gebüsch, an Drahtzäunen, am Wanderer selbst hängen: Altweibersommer. In einer Flocke werden wir vielleicht die kleine Spinne entdecken, deren Luftreise wir jäh unterbrochen haben. Zahllose Jungspinnen — vor allem die Jungen von Krabbenspinnen — lassen sich auf diese Weise vom Winde verschleppen. Die Fahrt beginnt so (Abb. 1): die Spinne erklettert einen Halm bis zum höchsten Punkt, streckt das Hinterleibsende, an dem die Öffnungen der Spinndrüsen liegen, weit in die Luft und läßt die Spinnseide austreten. Der Wind faßt den immer länger werdenden Seidenfaden. Die Spinne hat es wohl im Gefühl, wie lang der Faden werden muß. Plötzlich läßt sie los und fährt dahin, zunächst nur mit den Spinndrüsen am Faden hängend.

Abb. 1. Altweibersommer; Jungspinnen begeben sich auf die Reise mit dem Wind.

Aber bald hat sie Fuß gefaßt auf dem selbstgefertigten Floß, kann auch, indem sie den Faden mit den Füßen einzieht und zu einem kleinen Ballen aufwickelt, die Tragfähigkeit vermindern und das Landen einleiten. Beobachtungen auf Schiffen fernab vom Land lassen keinen Zweifel darüber, daß die Spinnen Hunderte von Kilometern verfrachtet werden können. Viele gehen sicherlich bei ungünstigem Wind zugrunde, erreichen nicht das Ziel dieser sonderbaren herbstlichen Massenwanderung: einen neuen Lebensraum.

Luftbewegungen werden auch sonst nicht selten als Verfrachtungsmittel ausgenützt. Jeder Windstoß nimmt mit dem Staub winzige Dauerkeime von tierischen und pflanzlichen Lebewesen mit. Besonders bei Pflanzen sind gewisse Entwicklungsstadien — Blütenstaub, Samen, Früchte — geradezu auf die Verbreitung durch den Wind angewiesen und durch die Formgebung an die Reise durch die Luft angepaßt. Eigentlich handelt es sich, nachdem der betreffende Gegenstand einmal irgendwie an Höhe gewonnen hat, weiterhin um ein Herabfallen, wobei die Fallkurve bestimmt wird einerseits durch Gewicht, Form und Größe des fallenden Körpers, andererseits durch die Eigenart der gerade herrschenden Luftbewegung.

Es kommt praktisch wohl kaum vor, daß bei Wind oder beim Aufsteigen erwärmter Luft zahlreiche Luftteilchen gleichsinnig, geradlinig fortbewegt werden, etwa so, daß gleichsam Luftfäden nebeneinander hergleiten. Die Art, wie der Staub einer Straße vom Wind bewegt wird, zeigt vielmehr, daß die Bewegungen der Luft sehr unregelmäßig sind. Das ist vor allem, im Großen wie im Kleinen, durch die sehr ungleichmäßige Gestaltung der Erdoberfläche bedingt. Fährt der Wind darüber hin, so entstehen an den vielen großen und kleinen Rauhigkeiten dauernd Störungen der Bewegung. Der Luftstrom wird von den Rauhigkeiten der Erdoberfläche gebremst, d. h. er bleibt in den höheren Schichten schneller als in den niederen. Wir werden sehen (S. 36), daß solche Geschwindigkeitsunterschiede schon im Bereich der untersten 50 m-Schicht der Atmosphäre für den Flug mancher Vögel von ausschlaggebender Bedeutung sein können. Eine Folge der durch die Rauhigkeiten der Oberfläche bedingten Geschwindigkeitsunterschiede ist, daß die Bewegung größerer oder kleinerer Luftteilchen nicht einfach geradlinig ist; vielmehr treten wirbelartige Bewegungen auf unter ständigem Austausch benachbarter Luftkörper. Wenn der aus einem Kamin aufsteigende dicke Rauch sich alsbald im Luftraum verliert, so sehen wir darin das Ergebnis dieses Austausches. Die Achse der Luftwirbel kann die verschiedensten Stellungen haben. Es liegt auf der Hand, daß ein fallender Körper von einem Wirbel getragen oder auch hochgerissen werden kann, wenn die Aufwärtsbewegung der Luft der Fallgeschwindigkeit gleichkommt oder sie übertrifft.

Auch dann, wenn nach unserem Empfinden „Windstille" herrscht, ist gleichwohl die Luft fast nie ruhig. Denn bei einstrahlender Sonne wird der Boden je nach seiner Beschaffenheit verschieden stark erwärmt, gibt auch die Wärme in verschiedenem Maße an die darüberliegende Luft wieder ab. Eine Sandfläche verhält sich anders als ein grüner Wald oder eine Wasserfläche. Die Luft flimmert über dem heißen Boden: Die erwärmte Luft wird leichter und steigt auf — der Segelflieger bezeichnet das als „Thermik" —; ihr Platz wird eingenommen durch herabsinkende, zunächst kühlere Luftmassen. Besonders tagsüber findet unter dem Einfluß der Sonnenstrahlung eine ständige Umschichtung der Luft statt, wobei die Bewegung der Luftkörper sich — im Gegensatz zum „Wind" — vorzugsweise senkrecht zum Boden abspielt.

Sowohl „Thermik" als auch „Wind" — wenn wir einmal etwas gewaltsam diese beiden Formen der Bewegung von Luftkörpern unterscheiden wollen — müssen für die Bewegung irgendwelcher „Teilchen" in der Luft von Bedeutung sein. Es ist beobachtet worden, daß die Altweibersommer-Spinnen auch bei Windstille im aufsteigenden Warmluftstrom ihren Spinnfaden austreten lassen und mit ihm senkrecht nach oben aufsteigen. Es war auch schon gesagt, daß mit jedem Windstoß winzige Keime von Lebewesen emporgewirbelt und verfrachtet werden. Woher kommen sie? Jede auch nur vorübergehende Wasseransammlung beherbergt alsbald mehr oder weniger zahlreiche Lebewesen, vor allem Bakterien und Einzellige. Trocknet die Pfütze aus, so sondern sie eine schützende Hülle ab, die sie wenigstens für einige Zeit vor dem Trockentode bewahrt. Die Bärtierchen, winzig kleine mehrzellige Tiere aus der Verwandtschaft der Spinnen, schrumpfen einfach zu einem runzeligen Körnchen zusammen, nehmen aber in Wasser alsbald ihre alte Form wieder an.

Diese Dauerstadien können vom Wind weithin verfrachtet werden. Man hat noch in 2000 m Höhe Grünalgen und die Vorstadien der Moospflänzchen, bis zu 6000 m Höhe Bakterien feststellen können; freilich nimmt mit der Höhe der Keimgehalt der Luft schnell ab. Überall fallen die Keime zu Boden; viele gehen sicherlich zugrunde. Aber man braucht nur ein Büschel trocknes Heu vom Felde zu nehmen, es mit Wasser zu übergießen: alsbald wird man ein reiches Leben von Bakterien und „Aufgußtierchen" finden.

Die Verbreitung der Keime wird sehr gefördert durch ihre Kleinheit und durch die dadurch bedingte, im Vergleich zum Rauminhalt sehr große Oberfläche. Ein Rechenbeispiel mag die Beziehung zwischen Rauminhalt und Oberfläche zeigen. Ein Würfel von 10 cm Kantenlänge hat bei einer Oberfläche von 600 qcm einen Inhalt von 1000 ccm; das Verhältnis von Oberfläche zu Inhalt ist 0,6. Bei einer Kantenlänge von 1 cm haben wir den Verhältniswert 6,0, bei 0,1 cm Kantenlänge bereits 60,0; er wird bei noch kleineren Körpern entsprechend größer. Die eitererregenden kugeligen Staphylokokken haben einen Durchmesser von etwa $^1/_{1000}$ mm. Packt man so viele von ihnen zusammen, daß ein Würfel von 1 cm Kantenlänge entsteht, so ist in ihm die Summe aller Bakterienoberflächen so groß wie ein Quadrat von 2,7 m Seitenlänge, $= 72\,900$ qcm. Da die Sinkgeschwindigkeit eines Körpers unter anderem mitbedingt ist durch die Reibung des umgebenden Mediums — Luft oder Wasser — an seiner Oberfläche, so heißt das, daß ein kleiner Körper unter sonst gleichen Bedingungen langsamer sinkt als ein großer. Wenn man Sand verschiedenster Korngröße in Wasser aufschwemmt, so sinken die großen Körner rasch zu Boden, die kleinsten Teilchen aber setzen sich auch in ruhigem Wasser nur langsam ab. Es ist bekannt, daß feinste Ascheteilchen, die bei Vulkanausbrüchen in große Höhen emporgeblasen wurden, vom Wind Hunderte und Tausende von Kilometern verfrachtet werden können, ehe sie wieder auf die Erde fallen.

Windbestäubung der Pflanzen

Bei den meisten Pflanzen ist Samenbildung erst möglich, nachdem Blütenstaub auf die weibliche Narbe kam. Aus dem Pollenkörnchen, das den männlichen Samenkern enthält, wächst dann ein Schlauch durch den Griffel bis zum Fruchtknoten, wo die Verschmelzung von Eikern und Samenkern und damit die eigentliche Befruchtung stattfindet. Die jetzt einsetzenden Entwicklungsvorgänge führen zur Bildung eines von schützenden Hüllen umgebenen Keims, des Samens oder auch der Frucht; dabei kann eine Frucht zahlreiche Samen enthalten.

Bekanntlich wird bei vielen Pflanzen der Blütenstaub durch Insekten auf die Narbe übertragen; mannigfaltige und z. T. höchst kunstvolle Einrichtungen sichern diese Bestäubung. Aber bei einer ganzen Reihe von Pflanzen, zum Beispiel bei den Getreidearten und bei vielen Bäumen, wird der Blütenstaub durch die bewegte Luft zu den Narben gebracht. Auch diese Windbestäubung ist in besonderer Weise gesichert. Der Pollen muß leicht vom Wind erfaßbar sein. Daher sind bei windblütigen Pflanzen die Staubbeutel, in denen der Pollen gebildet wird, dem Wind leicht zugänglich. Von den Getreideähren hängen zur Blütezeit die Staub-

6

beutel an dünnen Fäden lang herab (Abb. 2); der Blütenstaub kann durch eine leichte Erschütterung herausgeschüttelt werden. Stößt man an ein reifes Haselnußkätzchen, so stiebt eine Wolke von Blütenstaub davon.

Dieser Versuch gelingt bei einer insektenblütigen Pflanze nicht. Bei ihr liegen die Staubgefäße geschützter; außerdem besitzen die Pollenkörner eine klebrige und oft auch rauhe Oberfläche, so daß sie leicht aneinander und am Insektenkörper haften. Bei windblütigen Pflanzen dagegen ist der Pollen trocken; ein Aneinanderhaften der Körnchen kommt verhältnismäßig selten vor.

Pollenkörner sind klein; das kommt ihrer Verbreitung durch den Wind entgegen. Freilich gibt es beträchtliche Größen- und Gestaltunterschiede (vgl. die Übersicht auf S. 8).

Abb. 2. Blühender Roggen.

Die Pollenkörner der Fichten, Kiefern und Tannen fallen dadurch besonders auf, daß sie jederseits ein dünnhäutiges luftgefülltes Säckchen tragen. Man hat gemeint, daß sie mit Hilfe der Säckchen wie mit leichten Ballons in der Luft zu schweben vermögen und daher besonders gut an die Verbreitung durch die Luft angepaßt sind. Wenn das stimmen soll, müßte der Inhalt der Ballons leichter sein als Luft, also aus einem besonders leichten Gas bestehen oder vielleicht aus Luft, die durch Sonnenstrahlung erwärmt und daher leichter ist als die Umgebung. Nichts spricht dafür, daß das der Fall ist. Wohl aber sind die Pollenkörner durch die Luftsäcke im Vergleich zu ihrer Gesamtgröße verhältnismäßig leicht und bieten durch die Aufblähung jeder Luftbewegung eine gute Angriffsfläche. Wenn man über einem blühenden Nadelwald im Sonnenschein eine goldene Wolke von Blütenstaub sieht, so muß man dafür in der Tat die Luftbewegungen verantwortlich machen. Die Verteilung der „Ballonpollen" von Nadelhölzern unterscheidet sich nicht grundsätzlich von der des Pollens anderer

Sinkgeschwindigkeit von Pollenkörnern windblütiger Pflanzen (nach Rempe)

Art	Durchmesser $^1/_{1000}$ mm	Sinkgeschwindigkeit im Mittel in cm pro Sekunde	
Larix decidua, Lärche	etwa 100	9,9	
Picea excelsa, Fichte.	„ 117:73	8,7	
Fagus silvatica, Rotbuche . . .	„ 45	5,5	
Carpinus betulus, Hainbuche . .	„ 37	4,5	
Quercus robur, Sommereiche . .	„ 30	2,9	
Pinus silvestris, Kiefer	„ 62:36	2,5	
Corylus avellana, Haselnuß . . .	„ 25	2,5	
Betula alba, Birke	„ 25	2,4	
Alnus viridis, Erle	„ 23	1,7	

Windblütler. Diese Verteilung im Luftraum aber ist von der Art, daß sich in ihr alles widerspiegelt, was vorhin über die Bedeutung der Luftbewegungen und der Körnchengröße gesagt wurde. Untersuchungen über die Pollenverteilung in der Luft lassen sich verhältnismäßig leicht ausführen. Man stellt in verschiedener Höhe über dem Erdboden mit einem Klebemittel bestrichene Flächen von bestimmter Größe eine bestimmte Zeit lang auf und zählt dann die anhaftenden Pollenkörner aus. Zu welcher Pflanzenart sie gehören, weiß der Kenner nach Größe und Gestalt sicher zu sagen. Bei Untersuchungen in großen Höhen hat das Flugzeug schon gute Dienste geleistet.

Alle Pollenkörner sinken in ruhiger Luft ab, die kleineren langsamer als die größeren, wie die Übersicht auf S. 8 zeigt. Der große Fichtenpollen gehört trotz seiner Luftsäcke zu den schlechten „Fliegern". Daß die Übereinstimmung zwischen Körnchengröße und Sinkgeschwindigkeit nicht vollkommen ist (vgl. Eiche und Kiefer), liegt an der Oberflächengestaltung des Pollens: Ein Körper mit unregelmäßiger Oberfläche (Kieferpollen) muß langsamer sinken als ein einfach geformter Körper (Eichenpollen).

Der Einfluß der Teilchengröße kommt auch darin zum Ausdruck, daß Gruppen von Pollenkörnern, die zufällig nicht voneinander getrennt wurden, schneller sinken als einzelne Körner. Ferner: die Pollenkörner einer Pflanzenart haben zuweilen nicht alle gleiche Größe; in ruhiger Luft, besonders nachts, findet man dann die kleineren Körner in höheren Luftschichten als die größeren, was offenbar ein Ausdruck der verschiedenen Sinkgeschwindigkeit ist.

Sehr deutlich ist auch die Abhängigkeit der Pollenverteilung von den Luftbewegungen. Dicht über dem Erdboden ist die Luft ruhiger als in größeren Höhen; daher sinken die Pollenkörner niederer Pflanzen schneller zu Boden als die hoher Bäume, die in die stärker bewegten Luftschichten hineinragen. Daher auch geht das Absinken nachts — ruhigere Luft — rascher als tagsüber. Die Durchmischung der Luftmassen bei Tage hat zur Folge, daß die Luftschicht über einem Baumbestand zu Zeiten bis in beträchtliche Höhen (u. U. bis über 1000 m) fast gleichmäßig mit Pollen durchsetzt ist, oder aber, daß — je nach den Durchmischungsverhältnissen — der meiste Pollen sich in einer bestimmten Schicht befindet. Man hat Pollen noch in Höhen von über 2000 m beobachtet. Bei der geringen Sinkgeschwindigkeit vor allem kleiner Pollenkörner können diese natürlich weit verfrachtet werden. So fand man einmal auf Helgoland, das etwa 50 km vom Festland entfernt liegt, einen so starken Windantrieb von Kiefern- und Eichenpollen, daß eine normale Befruchtung möglich gewesen wäre; täglich durchflogen 2,7 Millionen Eichenpollen jeden Quadratmeter Luftfläche. Das sind eindrucksvolle Zahlen. Man versteht nun vielleicht eher, warum gegen das Blütenstaubeiweiß empfindliche Menschen zeitweilig so sehr unter „Heuschnupfen" zu leiden haben.

Verbreitung von Samen und Früchten durch die Luft

Zahllos und außerordentlich mannigfaltig sind die Einrichtungen im Bau pflanzlicher Fortpflanzungskörper, besonders von Samen und Früchten, die die Verbreitung durch die Luft gewährleisten. Die Natur verfährt dabei nach verschiedenen Prinzipien. In vielen Fällen geht das Bestreben — wie bei den Pollenkörnern der Windblütler — dahin, die Fortpflanzungskörper möglichst klein zu machen. Hierher gehören die Sporen von Pilzen, Farnen und Moosen, die in der Größe dem Blütenstaub nahestehen. Schwieriger liegen die Dinge bei den echten Samen, die außer dem Keim auch Nährgewebe mit Vorratsstoffen enthalten, alles umschlossen von den Samenhüllen. Mehr noch gilt das von den Früchten, die eine Vielzahl von Samen in sich bergen.

Indessen gibt es Samen und sogar Früchte, die als „Körnchenflieger" schon allein durch ihre Kleinheit zur Verbreitung durch den Wind geeignet sind. Viele Orchideen, von einheimischen Pflanzen auch Fichtenspargel (*Monotropa*) und Sommerwurz (*Orobanche*), sind durch winzige Samen ausgezeichnet. Ein Samenkorn von *Orobanche ionantha* wiegt 0,000001 g, d. h. erst eine Million Samen machen 1 g aus; dagegen sind für 1 g Samen von *Monotropa hypopitys* „nur" 333 000 Stück nötig. Es ist sicher kein Zufall, daß gerade Orchideen, von denen viele, besonders ausländische Arten ihren Standort auf anderen Pflanzen haben, oder Schmarotzer wie Fichtenspargel und Sommerwurz so kleine Samen haben. Denn es werden nicht nur kleine, sondern auch außerordentlich zahlreiche Samen gebildet. Das ist nötig, da die Aussicht, an der „richtigen" Stelle zum Keimen zu kommen, nicht groß ist. Orchideen können nur dort keimen, wo in dem Substrat auch bestimmte Pilze vorhanden sind, aus denen der junge Keim wichtige Nährstoffe bezieht; dasselbe gilt für den zeitlebens auf Pilzen schmarotzenden Fichtenspargel, während *Orobanche*, ebenfalls ein Schmarotzer, die Nahrung höheren Pflanzen entnimmt.

Mit der halb- oder ganzparasitischen Lebensweise dieser Pflanzen hängt es sicherlich auch zusammen, daß in den winzigen Samen das Nährgewebe nur schwach entwickelt ist. Der Wanderweg so kleiner Samen ist u. U. beträchtlich; so siedelte sich auf einem Ausstichgelände bei Berlin eine Orchidee an, deren nächster Standort ungefähr 150 km entfernt lag. Die Wanderfähigkeit so kleiner

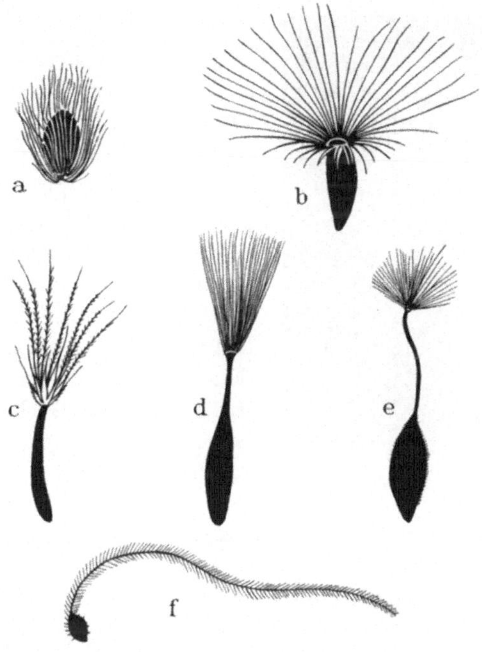

Abb. 3. Flugsamen und -früchte; a) Purpurweide, b) Bergaster, c) Hundslattich, d) Blasen-Pippau, e) Ruten-Lattich, f) Waldrebe.

Samen wird zuweilen — gerade bei manchen Orchideen — noch dadurch erhöht, daß in ihrem Inneren luftgefüllte Hohlräume eingebaut sind, was eine Herabsetzung des spezifischen Gewichtes bedeutet.

Der Same ist bei den „Körnchenfliegern" oft annähernd kugelförmig; auf seiner Oberfläche aber finden wir nicht selten eine aus erhabenen Leisten gebildete netzartige Skulptur. Darin beginnt sich das auszuprägen, was für die meisten durch Wind verbreiteten

Früchte und Samen so bezeichnend ist: eine nicht selten bizarre Gestalt, weit abweichend von der Kugelform. Die Kugel besitzt bei größtem Rauminhalt die kleinste Oberfläche. Jede Abweichung von der Kugelform bei gleichbleibendem Rauminhalt führt zu einer Oberflächenvergrößerung und daher zu einer Verlangsamung des Absinkens. Ein zu einer Kugel zusammengeballtes Blatt Papier fällt rasch und gerade zu Boden; das nicht gefaltete Blatt gleitet langsamer und in einer wie auch immer gearteten Kurve herab. Das scheint uns schließlich ganz selbstverständlich. Die genaue mathematisch-physikalische Deutung der Fallkurve eines unregelmäßig geformten Gebildes ist allerdings sehr schwer; wir können höchstens bei ganz einfachen geometrischen Körpern den Widerstand der Luft und damit die Sinkgeschwindigkeit berechnen. Das, was man den „Formwiderstand" eines mehr oder weniger bizarren Körpers

Abb. 4. Fruchtstand des Löwenzahns.

beim Absinken nennt, ist also einstweilen zumeist keine mathematisch eindeutige Größe, sondern lediglich ein aus der Erfahrung abgeleiteter Gebrauchswert.

Aus der Fülle der Formen von „Flugsamen" und „Flugfrüchten" können wir hier nur eine kleine Auswahl treffen. Deutlich sind zwei Formen von „Flugvorrichtungen", genauer gesagt: von Vorrichtungen zur Verlangsamung des Falles zu unterscheiden: 1. haarartige, 2. flügelartige Bildungen. Für beide finden wir auch in der heimischen Pflanzenwelt zahlreiche Vertreter.

Durch Flughaare, die — innen hohl und mit Luft gefüllt — in sehr verschiedener Weise angeordnet sein können (Abb. 3), wird bei ruhiger Luft zunächst einmal die Fallgeschwindigkeit herabgesetzt, bei den ringsum behaarten Früchtchen der Artischocke z. B. auf ein Siebentel der Geschwindigkeit ohne Haare. Die Lage beim Fallen ist selbstverständlich durch den Sitz der

Flughaare (oder ähnlicher Gebilde) bedingt. Von wunderbarer Vollendung sind die „Schirmflieger", bei denen der auseinandergespreizte Haarschopf auf einem Stiel steht (Abb. 5), wie z. B. beim Löwenzahn, dessen Fruchtstand ein wunderbar duftiges Gebilde ist (Abb. 4). Einen mehr sperrigen Eindruck macht der Fruchtstand des Wiesenbocksbartes, bei dem der Schirm jedes einzelnen Früchtchens größer ist als beim Löwenzahn. Ein wunderbares Gebilde ist der Bocksbartfallschirm: mit zartesten Fäden sind die strahligen Streben miteinander verbunden (Abb. 5).

Vor allem aber bieten Flughaare und Fallschirme jeder Luftbewegung eine vorzügliche Angriffsfläche. Sommers ist die Luft oft erfüllt von den behaarten Samen von Weide und Pappel und anderen Pflanzen. Sind sie sehr leicht, so können sie schon von thermischen Aufwinden hochgetragen werden. Die leichte Be-

Abb. 5. Einzelne Schirmflieger-Früchtchen; oben: Löwenzahn, unten: Wiesenbocksbart, mit Flächenansicht des zarten Schirmgeflechtes.

weglichkeit in Luftströmungen macht es verständlich, daß auch die Früchte oder Samen von niederen, krautartigen Pflanzen zuweilen mit Haargebilden als Windfangvorrichtungen ausgestattet sind. Bei schwereren Samen, z. B. Baumwolle, ist doch wenigstens ein Hinrollen vor dem Wind auf dem Boden möglich.

Geflügelte Samen und Früchte (Abb. 6) sind bezeichnend für viele Waldbäume, also für hohe Gewächse. Auch bei Windstille fallen sie nicht einfach senkrecht zu Boden, sondern gleiten in

einer Kurve herab, die durch die Form der Flügel und durch die
Gewichtsverteilung, die beim Fallen das Auftreten von Dreh-
kräften bedingt, bestimmt ist. Die „Nuß", der schwere Teil mit
Embryo und Nährgewebe, liegt bei der Ulmenfrucht etwa in der
Mitte zwischen den beiden flachen Flügeln; sie gleitet in ruhiger
Luft pendelnd-schaukelnd abwärts. Bei der Ahornfrucht da-

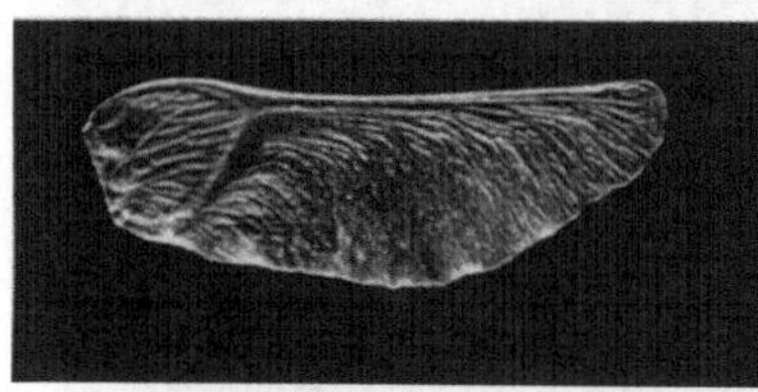
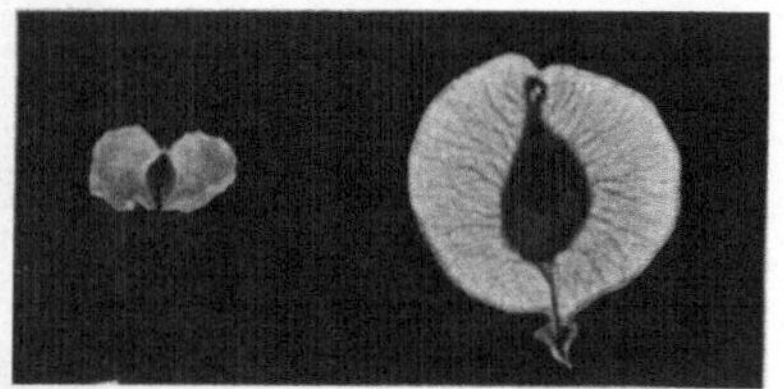
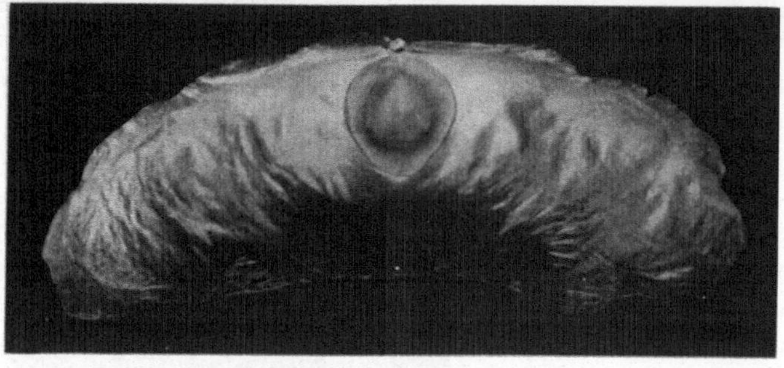

Abb. 6. Geflügelte Früchte und Samen. Oben links Ahorn; oben rechts Birke
(Querdurchmesser etwa 5 mm) und Ulme (Durchmesser etwa 12 mm); unten
Macrozanonia macrocarpa (Querdurchmesser etwa 15 cm).

gegen finden wir die Nuß ganz exzentrisch am schmalen Ende des
einseitig versteiften recht kräftigen Flügels, wodurch beim Fallen
eine schraubenförmige Bewegung zustande kommt; ähnlich sind
die zwischen den Zapfenschuppen geborgenen Samen unserer
Nadelhölzer gebaut. Eine kleine zweiflügelige Frucht besitzt die
Birke. Gleichsam eine Riesenausgabe von ihr ist der vollendete
Segelfliegersamen von *Macrozanonia macrocarpa*, einem hoch in die
Kronen anderer Bäume kletternden Strauche von den Sundainseln (Abb. 6). Der riesige leicht gewölbte Flügel spannt etwa
5 × 15 cm; gleichwohl wiegt der ganze Same nur knapp 0,3 g.
Die Nuß und damit der Schwerpunkt ist nach dem Vorderende
verlagert: in ruhigem spiraligem Flug gleitet der Same zu Boden.

Es gehört zum Bauprinzip solcher Gleitflügel, daß sie trotz großer Oberfläche durch eingelagerte Lufträume sehr leicht sind. Bei der Traubenahornfrucht hat die organische Substanz des Flügels das spezifische Gewicht 1,5, der ganze Flügel aber etwa 0,46. Daß so leichte und zarte Flügel nicht vom Rande her einreißen, dafür ist durch eine zwar sparsame, aber äußerst sinnreiche Verteilung von Festigungsgewebe gesorgt: ein wunderbarer Zusammenklang von Bau und Leistung.

Absinken und Treiben im Wasser

Wie in der Luft ist auch das Absinken eines Gegenstandes im Wasser kein einfacher Vorgang; er hängt von Eigenschaften des Wassers wie von denen des sinkenden Körpers ab. Das Übergewicht ist freilich im Wasser kleiner als in der Luft.

Aber wir dürfen hier nicht von Wasser schlechthin sprechen; denn kaum ein Gewässer gleicht dem andern. Das gilt in gewissem Ausmaß schon für das spezifische Gewicht des Wassers. Meerwasser ist schwerer als das sehr salzarme Süßwasser; im Toten Meer mit seinem Salzgehalt von zum Teil über 20% kann ein Mensch überhaupt nicht mehr untergehen. Ferner: Wasser von 4°C ist schwerer als wärmeres und kälteres Wasser; die Abhängigkeit des spezifischen Gewichts von der Temperatur ist sogar sehr wichtig für die Verteilung mancher Lebewesen im Wasser.

Das Wasser ist nicht nur schwerer, es ist auch zäher als Luft; die kleinsten Teilchen einer Flüssigkeit lassen sich viel schwerer gegeneinander verschieben als die eines Gases. Man kann die Zähigkeit des Wassers messen, indem man es aus einem Rohr mit enger Öffnung tropfenweise ausfließen läßt: je größer die Zähigkeit, das Zusammenhangsbestreben der Wasserteilchen untereinander ist, desto weniger Tropfen werden in der Zeiteinheit ausfließen. So fand man, daß reines Wasser bei 25°C nur die halbe Zähigkeit besitzt wie bei 0°. Man darf aber nicht meinen, daß der gleiche Körper im Wasser von 0° halb so schnell sinkt wie im Wasser von 25°. So einfach ist die Sache nicht. Denn mit der Temperatur ändert sich auch das spezifische Gewicht. Vor allem aber haben die im freien Wasser lebenden Tiere und Pflanzen meist eine stark von der einfachen Kugelform abweichende Gestalt, kennzeichnend für jede Art. Beim Absinken treten daher schwer durchschaubare und rechnerisch kaum auszudeutende Widerstandskräfte und Wasserverschiebungen auf.

Hinzu kommt: es gibt in einem natürlichen Gewässer kaum jemals eine vollkommene Ruhe, ebensowenig wie in der Luft. Jeder Windstoß peitscht die Oberflächenschichten und bewirkt eine mehr oder weniger ausgiebige Durchmischung; sie muß kleinere Lebewesen mitreißen, die keine oder nur geringe Eigenbewegung besitzen. Ständig oder doch längere Zeit in einer Richtung wehende Winde werden in jedem größeren Gewässer Strömung hervorrufen; so entstehen ja auch große Meeresströmungen (von den Gezeitenströmungen im Meer sehen wir hier ab). Durch diese Strömungen wird zwar zunächst vor allem Wasser in der Horizontalen verfrachtet; aber besonders in Küstennähe verursachen sie oft auch Aufsteigen oder Absteigen großer Wassermassen. So gibt es in der Nähe von Messina eine starke aufsteigende Strömung, die dem Zoologen eine Fülle von eigenartigen Bewohnern der Tiefe beschert.

Neben dem Wind sind es vor allem Temperaturunterschiede, die, wie in der Luft, auch im Wasser zuzeiten kräftige Bewegungen hervorrufen können. Kaltes Wasser ist schwerer als warmes, am schwersten aber ist nicht Wasser von 0^0, sondern von 4^0C. Die Temperaturschwankungen im Jahreslauf bedingen zusammen mit den Winden in einem See eine bestimmte Verschiebung der Wassermassen. Durch die Herbststürme wird das sich abkühlende Wasser bis in große Tiefen gleichmäßig durchmischt. Unter einer winterlichen Eisdecke beruhigt es sich. In der Tiefe wird sich eine Temperatur von etwa 4^0 einstellen, da das schwere Wasser hier liegen bleibt; darüber steht leichteres Wasser, das dicht unter der Eisdecke sicher auch kälter ist. Bei fehlender Eisdecke wird sich der Herbstzustand einigermaßen erhalten. Im Frühling beginnt durch Sonneneinstrahlung die Erwärmung der oberen Schichten. Das erwärmte, vergleichsweise leichte Wasser aber bleibt über dem kälteren Tiefenwasser liegen. Diese Warmwasserschicht wird im Laufe des Sommers allmählich dicker; sie ist gegen das Tiefenwasser abgesetzt durch eine Schicht, in der die Wassertemperatur schnell abnimmt: die Sprungschicht. Im Herbst erfolgt schließlich durch Abkühlung und heftige Winde wieder die volle Durchmischung.

Aber auch schon im Laufe eines Tages tritt mit dem Temperaturwechsel zwischen Tag und Nacht eine gewisse, wenn auch geringe Umschichtung des Wassers statt. Abgekühltes Oberflächenwasser sinkt in der Nacht ab und wird durch Wassermassen aus der Tiefe ersetzt. Wir müssen uns diese Wasserbewegungen ähnlich wie den Austausch in der Luft so vorstellen, daß größere oder kleinere Wasserkörper sich gegeneinander verschieben, wobei wirbelartige Gebilde auftreten. Praktisch ist diese Unruhe fast jederzeit und in jedem freien Gewässer vorhanden; sie ist sehr wichtig für die Verteilung kleinster Lebewesen im Wasser.

Das gilt insbesondere für diejenigen, die eine sehr geringe oder überhaupt keine Eigenbewegung besitzen. Zu den letzteren gehören z. B. die einzelligen Kieselalgen (Diatomeen, Abb. 7), die mit zahlreichen Arten oft in unglaublichem Individuenreichtum das Was-

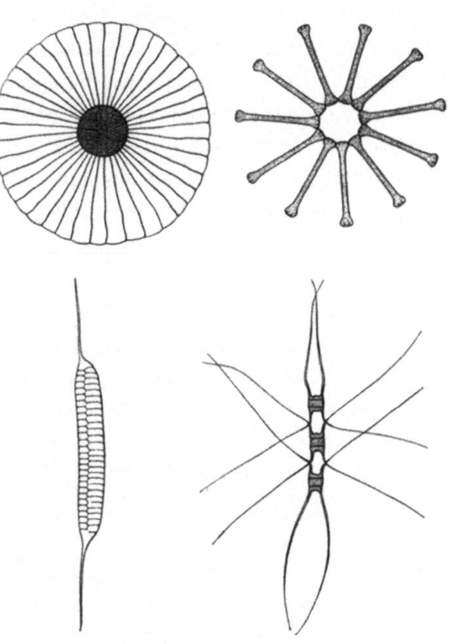

Abb. 7. Verschiedene Kieselalgen (Diatomeen) mit Einrichtungen, die das Absinken im Wasser erschweren. Links oben: *Planktoniella*, mit fallschirmartig in einer Ebene angeordneten Fortsätzen; rechts oben: eine Kolonie von *Asterionella*; links unten: *Rhizosolenia eriensis*; rechts unten: dreizellige Kolonie von *Chaetoceras laciniosus*.

ser unserer Seen bevölkern. So wurden an einem Juli-Tage in einem 10 m tiefen See in der Wassersäule über einer Bodenfläche von 1 qm ca. 25 Milliarden Individuen einer Diatomeenart errechnet. Wie können diese Zellen sich überhaupt im freien Wasserraum halten? Es sind viele Dinge im Spiel. Sicher ist, daß sie alle schwerer sind als Wasser. Ihr Zellkörper ist von einem Kieselsäurepanzer umgeben und durch dessen hohes

spezifisches Gewicht stark belastet. Sie müssen also absinken. Die
Bedeutung dieses Panzers für das Übergewicht der ganzen Zelle
gegenüber dem Wasser ist aber nicht ganz einfacher Art, aus
verschiedenen Gründen. Der Kieselsäuregehalt und damit die
Belastung kann bei verschiedenen Arten auch bei gleicher Zell-
größe (Rauminhalt) recht verschieden sein (um 1 mg Silicium zu
gewinnen, braucht man zum Beispiel 6,5 Millionen Zellen von
Melosira italica, dagegen etwa 15 Millionen Zellen von *Fragilaria
crotonensis*), wechselt außerdem bei der gleichen Art mit dem Alter
(junge Zellen haben weniger Kieselsäure als alte). Günstig für
nicht zu schnelles Absinken ist die Kleinheit der Zellen (Bruch-
teile von Millimetern) und ihre von der Kugelform immer stark
abweichende Gestalt. Der „Formwiderstand" ist bei mancher
Arten noch durch feinste Zellfortsätze erhöht (Abb. 7). An ihnen
findet die ständige wirbelnde Unruhe des Wassers die besten
Angriffspunkte. In einem aus dem See geschöpften Glas, in dem
das Wasser schnell zur Ruhe kommt, liegen die Zellen bald am
Boden. Auch ist im See die Wirbelbildung des Wassers veränder-
lich, vermag auf die Dauer nicht, das Absinken aufzuhalten. Die
Reise in die Tiefe wird durch die Wasserbewegung lediglich ver-
zögert. Dabei können sich in Schichten mit besonders starker
Unruhe zeitweise große Diatomeenmassen ansammeln, so nicht
selten in der Nähe der „Sprungschicht". Das Fallen geht in der
oberen Schichten noch langsam, nach der Tiefe zu schneller von
sich, obwohl die Zelle doch in kälteres und damit spezifisch
schwereres und zäheres Wasser kommt. Die Zunahme der Sinkgeschwindigkeit in der Tiefe ist bedingt durch die größere Ruhe des
Tiefenwassers. Eine kleine *Cyclotella*, die dicht unter der Oberfläche
des Bodensees stirbt, wird immerhin über 30 Tage brauchen, bis sie
in etwa 200 m Tiefe den Boden erreicht. Der Algenbestand, den wir
zu gegebener Stunde in einer Wasserschicht feststellen, ist demnach
wesentlich bestimmt durch das Verhältnis von Sinkgeschwindigkeit zu der Schnelligkeit von Wachstum und Vermehrung.

Gleitende Bewegung bei Tieren

Schon bei „geflügelten" Samen und Früchten war uns ein Abwärtsgleiten, auch in völlig unbewegter Luft, begegnet. „Abflug'
von einem erhöhten Standpunkt, Absinken zur Erde auf eine

geneigten Bahn, das bezeichnen wir als „Gleiten". Das Gleiche sieht
man gelegentlich bei Tieren, die, wie Vögel, Fledermäuse und Insekten, zum aktiven Fliegen fähig sind. Ein gleitfliegender Segelfalter oder anderer Tagfalter,
eine Haustaube, die vom Dach zum Futterplatz herabgleitet, sind uns ein geläufiges Bild.

Ein ähnliches, freilich kaum so vollkommenes Gleiten gibt es noch bei einigen
anderen Wirbeltieren. Sie alle müssen zuvor
Höhe gewonnen haben. So wundert es uns
nicht, daß es sich bei ihnen stets um Baumbewohner handelt, die geschickt klettern
können. Die meisten von ihnen wird man
kaum als „passionierte" Gleitflieger bezeichnen können; sie bedienen sich des Gleitvermögens anscheinend meist nur als letzte
Fluchtmöglichkeit, zuweilen auch wohl für
den Nahrungserwerb. Erstaunlich verschiedene Wege aber ging die Natur bei der
Ausbildung der Gleitflächen.

Bei den Flughörnchen und Flugbilchen
(Abb. 8), in Asien, Nordamerika und Afrika
lebenden Verwandten unserer Eichhörnchen und Bilche, ist an den Körperflanken
bis zur Schwanzwurzel,
vor allem zwischen Vorder- und Hinterbeinen,
eine Hautfalte ausgebildet, die bei abgespreizten
Beinen ausgebreitet wird.
Bei dem afrikanischen
Anomalurus wird das Spreizen dieser Haut gefördert
durch einen an den Ellbogen angesetzten Knorpelstab; er fehlt den asiatischen und nordamerikanischen Gleitnagern.

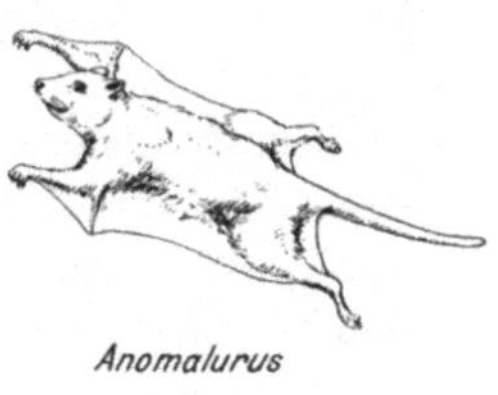

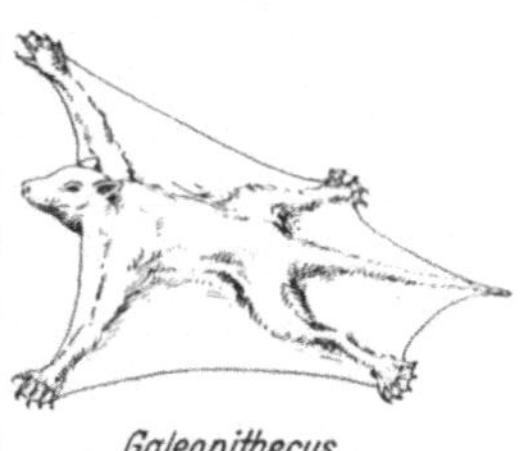

Abb. 8. Verschiedene gleitfliegende Wirbeltiere. Von oben nach unten: Afrikanischer
Flugbilch *Anomalurus*; Flugmaki *Galeopithecus*;
Flugfrosch *Rhacophorus*; Flugechse *Draco*.

Ähnliche Gleithäute haben sich vollkommen unabhängig voneinander bei Vertretern verschiedener Säugergruppen entwickelt.

So gibt es in der australischen Region sogar unter den altertümlichen Beuteltieren Arten mit „Flughäuten", die sie wie die Flughörnchen zu Gleitsprüngen benutzen. Auf den Sundainseln lebt der eigenartige „Flugmaki" *Galeopithecus*, ein etwa kaninchengroßer entfernter Verwandter unserer Insektenfresser (Spitzmäuse, Maulwurf). Die Gleithaut (Abb. 8) ist bei ihm vergleichsweise groß; sie beginnt schon am Kopf, zieht über die recht langen Vorderbeine zu den Hinterzehen und von hier weiter zum Schwanzende. Es wird berichtet, daß dies doch recht schwere Tier 50 bis 70 Meter weit gleiten kann, am Schluß der Bahn durch Hochnehmen des Vorderkörpers etwas aufsteigt, dadurch zugleich die Wucht mildert und geschickt im Geäst zu landen versteht. In der Ruhelage hängt es an allen Vieren mit dem Rücken nach unten, klettert auch in dieser Stellung umher; so ist die zarte Gleithaut am besten geschützt. Die Fledermäuse und Flughunde machen es bekanntlich ganz ähnlich.

Sogar bei gewissen baumbewohnenden Lurchen und Kriechtieren gibt es ein Gleitfliegen, freilich mit wieder anderen Mitteln. Auf den Sundainseln kommen die „Flugfrösche" (*Rhacophorus*) vor (Abb. 8); sie haben einen etwas abgeflachten Körper und auffallend große „Schwimmhäute" zwischen den langen Zehen, obwohl sie niemals, auch nicht während der Fortpflanzungszeit, ins Wasser gehen. Hier bildet die Körperunterseite zusammen mit den Schwimmhäuten die Gleitfläche.

Die vollendetsten Gleitflieger in dieser Gruppe scheinen aber die Flugechsen der Gattung *Draco* zu sein (Abb. 8), Verwandte unserer Eidechsen; sie sind mit einer Reihe von Arten in Südostasien und Inselindien zu Hause. Die Schönheit der farbenprächtigen Tiere und die Gewandtheit ihrer Bewegungen hat die Forschungsreisenden immer wieder entzückt. In zielsicherem Gleitflug können sie beträchtliche Strecken überbrücken, können, wie *Galeopithecus*, am Ende des Gleitens aufsteigend, ihr Ziel erreichen, ja sogar mit Steuerbewegungen des Schwanzes die Richtung ändern und Hindernisse vermeiden. Die Gleitfläche ist gebildet durch eine Hautfalte an den Flanken, die jedoch die Beine vollkommen frei läßt. Sie ist in der Ruhe zusammengelegt, im Gleitflug aber gespreizt, gestützt von den 5 oder 6 stark verlängerten „falschen", d. h. nicht mit dem Brustbein verbundenen Rippen.

Es gibt auch bei einigen Fischen ein Gleitschwimmen, das mit dem Gleitfliegen der Lufttiere vergleichbar ist. Bei Knurrhähnen und Verwandten, — sie haben nur eine kleine Schwimmblase und sind daher Bodenfische (vgl. S. 125) —, sind die oft prächtig gefärbten Brustflossen auffallend groß (Abb. 9). Wenn der Fisch sich bei zusammengelegten Brustflossen durch kräftige Schwimm-

Abb. 9. Der Flughahn *Dactylopterus*, ein Bodenfisch des Mittelmeeres mit riesigen Brustflossen.

bewegungen des Schwanzes ein Stück vom Boden erhoben hat, läßt er sich mit nunmehr ausgebreiteten „Flügeln" wieder zu Boden gleiten. Die echten „fliegenden Fische" (z. B. *Exocoetus*) schnellen sich durch sehr kräftiges Schwanzschwimmen gegen den Wind schief aus dem Wasser, breiten ihre ebenfalls stark vergrößerten Brustflossen aus und können unter Ausnutzung des Windes mehrere Meter hochsteigen und im Gleitflug Strecken bis zu 200 Metern zurücklegen; sie schnellen sich dabei unterwegs gewöhnlich noch einige Male von Wellenbergen ab. Bei Windstille ist die Neigung zum „Fliegen" und die Leistung bedeutend geringer.

Fluganpassungen des Vogelkörpers

Wunderbar ruhig ohne jeden Flügelschlag zieht hoch droben der Bussard seine Kreise. Wir nehmen uns Zeit, geduldig zu beobachten, und sehen, daß er dabei, obwohl es sich doch um einen recht schweren Vogel handelt, keineswegs an Höhe verliert, oft sogar beträchtlich aufsteigt. Am Strand der Nordsee streichen bei kräftiger Brise die Möwen ohne Flügelschlag und ohne Höhenverlust am Dünenhang entlang. Das gleiche flügelschlaglose Segeln zeigen uns in den Bergen Alpendohlen und Kolkraben, in wärmeren Ländern die großen Geier, auf den Meeren Albatrosse und Fregattvögel.

Viermal wurde im Lauf der Entwicklung des Lebens der echte Flug erfunden. Flugfähige Insekten gab es bereits zur Steinkohlenzeit. Im Erdmittelalter, als die Kriechtiere auf der Höhe ihrer Entwicklung waren, tummelten sich Flugechsen von zum Teil riesiger Größe in der Luft; sie sind ausgestorben. Etwa um die gleiche Zeit schlug die Geburtsstunde der Vögel; für ihre Entwicklung aus der Klasse der Kriechtiere ist der *Archaeopteryx*, schon befiedert, aber noch mit langem Schwanz und mit bezahnten Kiefern, ein berühmtes Zeugnis. Die ersten fledermausartigen Säuger sind aus dem Tertiär bekannt. In jeder dieser vier Gruppen sind die Flugorgane von anderer Art, jeweils aus dem Bauplan der Gruppe entwickelt und den besonderen Aufgaben angepaßt. In jeder Gruppe auch traten im Lauf der Zeit verschiedenste Formen des Fliegens auf: ein Sperling fliegt anders als eine Schwalbe, ein Schwärmerschmetterling anders als ein Tagfalter. Manche haben auch nachträglich das Fliegen wieder aufgegeben, so der Strauß unter den Vögeln, die Bettwanzen, Läuse, Flöhe unter den Insekten. Uns sollen hier zunächst die Vögel beschäftigen.

Als Ergebnis einer langen Entwicklung findet das Fliegenkönnen nicht nur im Besitz von Flügeln, sondern fast im ganzen Körperbau des Vogels seinen Ausdruck (Abb. 10). Der Rumpf, beim Flug aufgehängt zwischen den Flügeln, ist in sich vergleichsweise starr. Die Wirbel sind im Brustbereich kaum oder überhaupt nicht gegeneinander beweglich. Im Bereich des Beckens sind alle Wirbel mit dem langgestreckten Darmbein zu einem einheitlichen Knochengebilde verwachsen; so finden die Beine, die ja den Vogel

auf der Erde oder im Gezweig allein zu tragen haben, im Körper
ein festes Widerlager.

Die Eingeweide ruhen bei der meist mehr oder weniger waagerechten Körperhaltung auf dem riesigen, flächenförmigen, bauch-

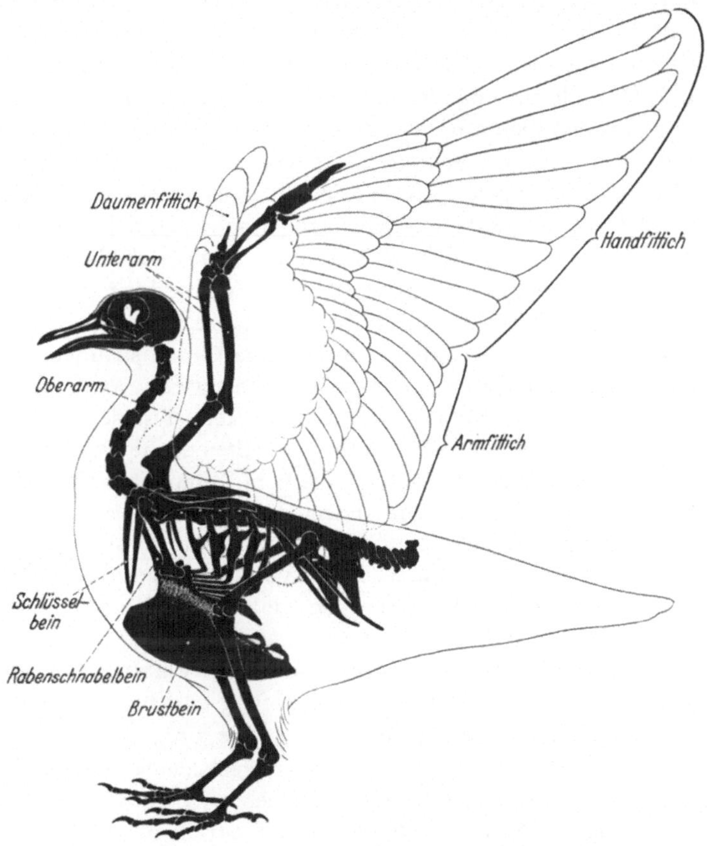

Abb. 10. Skelett einer Taube. Umrisse des Federkleides angegeben; linker
Flügel fortgelassen.

seits gelegenen Brustbein; es ist mit der Wirbelsäule durch die
Rippen verbunden. Diese sind durch einen Knick in sich, durch
Gelenke gegen Brustbein und Wirbel beweglich, so daß beim
Atmen der Brustkorb sehr ausgiebig verengt und erweitert werden

23

kann. Eine gewisse Versteifung des Brustkorbes ist gleichwohl dadurch gegeben, daß sich jeweils ein flacher hinterer Fortsatz einer Rippe auf die nächstfolgende stützt (Abb. 10).

Am Vorderende des Brustbeins ragt jederseits wie eine starke Säule das Rabenschnabelbein (Abb. 10) schräg nach vorne auf. Es trifft sich mit dem Vorderende des auffallend schmalen Schulterblattes, das am Rücken von außen dem Brustkorb aufliegt und durch Muskeln und Bänder mit ihm verbunden ist. Die Gelenkpfanne für den Oberarm liegt dort, wo Schulterblatt und Rabenschnabelbein aneinanderstoßen; das letztere ist also die Hauptstütze für den Flügel. Vorn am Schultergelenk beginnend zieht jederseits vor dem Rabenschnabelbein ein schmales Schlüsselbein abwärts, das linke mit dem rechten unten zum „Gabelbein" fest verbunden; ein sehniges Band stellt die Verbindung zwischen Gabelbein und Vorderende des Brustbeins her.

Das breitflächige Brustbein, durch seine Größe so ungemein auffallend, ist nicht nur Stütze für die Eingeweide, sondern zugleich Ansatzpunkt für mächtige Flugmuskeln. Für den Flügelschlag, beim Segeln und Gleiten für das Halten der ausgebreiteten Flügel, sind mehrere Muskeln da, die vom Rumpf zum Oberarm ziehen. Die mächtigsten von ihnen, jederseits ein Paar, haben ihren Ursprung am Brustbein. Die Ansatzfläche für sie ist stark vergrößert durch den senkrecht nach vorn-unten gestellten knöchernen Brustbeinkamm, durch den zugleich das Brustbeinblatt eine Versteifung erfährt. Es ist verständlich, daß die Höhe des Brustbeinkamms von der Mächtigkeit der Flugmuskeln abhängt; bei den flugunfähigen Straußen fehlt er ganz. Jederseits vom Kamm liegt oberflächlich der „große Brustmuskel", der Senker des Flügels, unter ihm der in der Regel bedeutend schmächtigere „kleine Brustmuskel" als Flügelheber. Offenbar erfordert also der Niederschlag des Flügels mehr Kraft als der Aufschlag. Die Zusammenballung dieser großen Muskelmasse an der Brust kann nicht ohne Einfluß auf die Lage des Schwerpunktes des Körpers sein; er liegt in unmittelbarer Herznähe. Es ist einleuchtend, daß die Schwerpunktlage vor allem für die Steuerung beim Flug wichtig wird; wir kommen später darauf zurück.

Den Körper umhüllt das lockere, mit Luft reich durchsetzte Federkleid. Es gleicht alle Ecken und Kanten des Fleischkörpers aus und verleiht dem Vogel im Flug eine wunderbare Stromlinienform, die den Widerstand gegen den Luftstrom so klein wie möglich macht. Darüberhinaus schützt es den warmblütigen Vogel vor Auskühlung. Die Warmblütigkeit — die Körpertemperatur liegt bei den meisten Vögeln etwa bei 42^0C — ermöglicht eine starke und schnelle Ausnutzung der mit der Nahrung zugeführten Energien. Den hierfür nötigen Sauerstoff erhält der Körper durch die im Vergleich zu anderen Wirbeltieren einzigartig ausgebildeten Lungen.

Bei den meisten mit Lungen atmenden Wirbeltieren (Lurche, Kriechtiere und Säugetiere) findet der Gasaustausch zwischen Atemluft und Blut in den blindgeschlossenen Endteilen des Hohlraumsystems der Lungen, in den Lungenbläschen statt; in ihnen stagniert also die Luft zwischen Ein- und Ausatmung eine gewisse Zeit. Ganz anders liegen die Dinge bei den Vögeln. Schon manche Kriechtiere, mit denen die Vögel ja nahe verwandt sind, haben hinten an den Lungen dünnwandige Anhängsel, Luftsäcke, die nicht dem Gasaustausch dienen. Das hier angedeutete Bauprinzip ist bei der Vogellunge bis zur Vollendung durch-

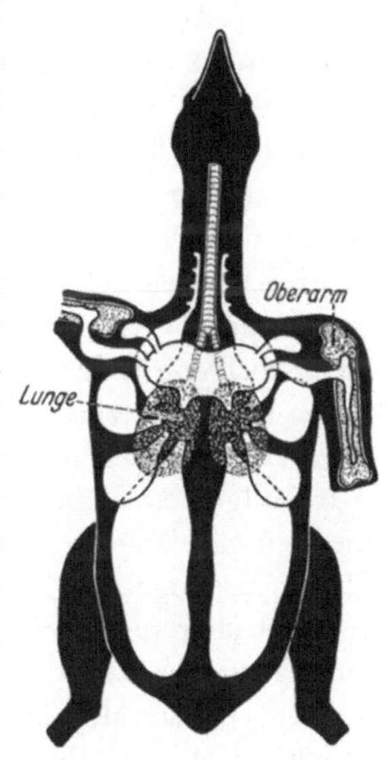

Abb. 11. Zahlreiche Luftsäcke (weiß) als Anhängsel der verhältnismäßig kleinen Lungen eines Vogels.

geführt (Abb. 11). Eine ganze Anzahl von Luftsäcken schließt sich in bestimmter Ordnung an die auffallend kleine Lunge an. In ihr findet der Gasaustausch nicht in blindgeschlossenen Bläschen, sondern in einer Unzahl von feinsten Röhrchen statt, die mit den Bronchien einerseits, mit den Luftsäcken andererseits in Verbindung stehen. Durch sie wird mit Hilfe der gleichsam als Blasbälge wirkenden Luftsäcke beim Atmungsvorgang die Luft hindurchgeblasen, stagniert also nicht; der Gasaustausch ist dadurch in einer Vollendung ermöglicht, die den ebenfalls warmblütigen Säugern, auch den Fliegern unter ihnen, nicht gegeben ist.

Ein großer Teil der Eingeweide wird von den dünnen Wänden

der Luftsäcke umhüllt. Indem an den inneren Luftsackoberflächen Wasser verdunstet, dienen sie durch den ständigen Luftwechsel zugleich bis zu einem gewissen Grade zur Kühlung des Körpers, falls bei starker Sonnenbestrahlung oder heftiger Muskelarbeit (im Flug) die Gefahr der Überhitzung besteht. Manche Luftsäcke haben Ausläufer, die sich bis in das Gewebe unter der Haut, häufig auch in die größeren Knochen hinein erstrecken. Man wundert sich immer wieder über die Leichtigkeit eines Vogelskeletts. Für das Fliegen ist sie sicherlich nicht ohne Bedeutung; man darf sie indessen auch nicht überschätzen. Es gibt ausgezeichnete Flieger und Segler, wie die Möwen und Seeschwalben, deren Knochen nicht mit Luft gefüllt sind. Keinesfalls darf man den Vogelkörper mit seinen Luftsäcken mit einem Ballon vergleichen. Denn in den Hohlräumen ist ja kein Gas, das leichter ist als Luft. Auch die Erwärmung der Luft im Innern des Körpers kann dem Vogel keinen irgendwie nennenswerten Auftrieb verleihen.

Im allgemeinen stapeln die Vögel keine großen Nahrungsmengen für längere Zeit im Darmkanal; auch das mag zu den Fluganpassungen gehören. Freilich haben viele Vögel einen Kropf; er dient aber nicht selten (z. B. Reiher, Möwen) vor allem dem kurzfristigen Transport der Nahrung für die Jungen, vor denen der Kropfinhalt alsbald ausgewürgt wird. Der Vogeldarm ist vergleichsweise kurz; die Nahrung durchläuft ihn sehr schnell, wird aber gleichwohl gut ausgenutzt. Die Verdauungskraft der Fermente ist groß; sie wird insbesondere bei den Körnerfressern unterstützt durch die Tätigkeit des kräftigen Muskelmagens, in dem die Nahrung zermahlen wird.

Zum Flieger und Segler aber wird der Vogel erst durch den wunderbaren Bau seiner Flügel. Deren Skelettachse (Abb. 10) besteht aus den gleichen Teilen wie unser Arm: aus Oberarm, Unterarm mit Elle und Speiche, Handwurzel, Mittelhand und Fingern. Doch ist die Hand stark rückgebildet: außer einem kurzen, aber deutlich abgesetzten „Daumen" sind nur noch zwei miteinander verwachsene Mittelhandteile und Finger (2. und 3.) vorhanden. Die Skelettachse, in der Ruhelage in Ellbogen- und Handgelenk geknickt, zieht als verdickter Versteifungsstab am Vorderrand des ausgestreckten Flügels entlang. An sie schließt sich nach hinten die eigentliche Flügelfläche an, gebildet von den großen Schwungfedern an Unterarm und Hand. Die Schwungfedern stehen in Körpernähe bei ausgebreitetem Flügel annähernd senkrecht zu den Unterarmknochen, mit ihrem in der Haut stekkenden Ende gestützt auf die Elle, die hier stärker ist als die Speiche; die Handschwingen aber stellen sich nach dem Flügelende zu mehr und mehr schief zur Skelettachse, so daß die äußeren deren direkte Fortsetzung darstellen (Abb. 10).

Jede Schwinge ist wiederum ein kompliziert zusammengesetztes flächenförmiges Gebilde, ein wahres Wunderwerk der Natur, äußerst sinnreich gebaut, und doch nur ein totes, aus Horn gebildetes Anhängsel der Haut. Daß bei den Vögeln die Tragflächen und überhaupt das Kleid von Federn gebildet wird, ist aus der stammesgeschichtlichen Entwicklung zu verstehen. Die Insekten und Fledermäuse zeigen uns, daß gut arbeitende Flügel auch ganz anders gebaut sein können. Die Vögel stammen von den Kriechtieren ab; die Federn haben sich aus deren Hornschuppen entwickelt. Was bei dem Vogel schließlich aus den Hornschuppen der Vorfahren wurde, ist wunderbar genug. Es lohnt sich, den Aufbau der Feder etwas genauer zu betrachten.

Die Feder entsteht aus verhornenden Zellen der Oberhaut. Die Fähigkeit zum Verhornen haben die Oberhautzellen bei fast allen Wirbeltieren, vorzüglich bei den Landbewohnern. Sogar schon beim Frosch ist die ganze Haut von einer feinen Hornschicht überdeckt. Eine Leistung besonderer Art aber ist es, wenn statt einer gleichmäßigen Hornschicht geformte Horngebilde entstehen, die Hornschuppen bei Eidechsen und Schlangen, die Krallen und Nägel, die Haare der Säugetiere. Die Feder mit ihrem verwickelten Bau ist sicher das sonderbarste Horngebilde, das wir kennen. Wie sie aus einer winzigen, sehr einfachen Anlage in der Haut entsteht und heranwächst, ist genau bekannt; wir können hier nicht darauf eingehen. Aber geben wir es ruhig zu: die Entstehung ihrer Form ist, trotz der Kenntnis von Einzelvorgängen, im Grunde noch genau so rätselhaft wie die Formbildung des ganzen Tierkörpers überhaupt. Wären uns die Gesetze der Formbildung bis in den Grund bekannt, so hätten wir eins der größten Rätsel des Lebens gelöst.

Jede Schwungfeder (Abb. 12) hat eine Achse: den Schaft, der mit seinem unteren Teil, der Spule, recht fest in der Haut steckt;

das zeigt jeder Versuch, eine Feder auszureißen. Der Schaft trägt die Federfahne, die, keine einheitliche Hornfläche, aus einer Vielzahl flach stabförmiger Gebilde besteht. Vom Schaft gehen jederseits die „Äste" (Rami) weg. Schaft und Äste sind nicht massiv hornig; ihre innere Markschicht hat vielmehr durch Einlagerung von Luft einen schwammigen Bau. Die Anordnung der Hornteile verbürgt die Festigkeit der Feder; der Luftgehalt aber macht sie leicht. Jeder Ast trägt beidseitig die langgestreckten „Strahlen" (Radii), die sich auf besondere Art und Weise ineinander verhaken und so der Fahnenfläche bei einer gewissen Elastizität erst den Zusammenhalt geben (Abb. 13). Alle Strahlen sind flache, schmale Hornstreifen, die aus einer einzigen Reihe verhornter Zellen bestehen. Die Strahlen, die von den Ästen weg zur Federspitze zeigen, sind in sich gedreht und mit einer Anzahl hakenförmiger Fortsätze versehen („Hakenstrahlen"). Die der Federbasis zugewandten Strahlen dagegen können wir ihrer Gestalt nach mit dem Blatt einer Sense vergleichen: sie sind bogenförmig („Bogenstrahlen") und besitzen wie die Sense einen umgeschlagenen Versteifungsrand. Haken- und Bogenstrahlen stehen schief von den Ästen weg; sie überkreuzen sich so, daß jeder Hakenstrahl mit mehreren Bogenstrahlen, jeder Bogenstrahl mit mehreren Hakenstrahlen verankert ist. Die Häkchen haben hinter dem Umschlagsrand des Bogenstrahles eine gewisse

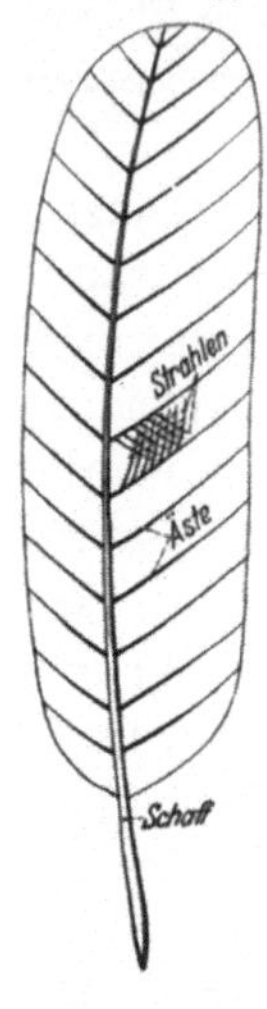

Abb. 12. Stark vereinfachte Darstellung einer Schwungfeder; die Zahl der „Äste" und „Strahlen" ist in Wirklichkeit viel größer.

Bewegungsfreiheit; sie können hin- und hergleiten, können aber ihre Führung nicht ganz leicht verlassen. Denn nahe der Spitze des Bogenstrahles sitzen am Umschlagsrand Hemmzähnchen, die ein allzuleichtes Herausgleiten aus der Führung verhindern. Ist der Zusammenhalt wirklich einmal verloren gegangen, so kann er durch ein Hinstreichen über die betreffenden Äste doch leicht wieder hergestellt werden. Die Rami sowohl wie die Radien laufen nach der Federunterseite in dünne Hornblättchen aus, die sich, eine einheitliche dichte Platte bildend, aufeinanderlegen, wenn die Feder von unten Druck erhält.

Wir haben damit den Grundbauplan einer großen Feder ge-
schildert. Je nach den Aufgaben, die die Federn an verschiedenen
Stellen des Körpers zu erfüllen haben, finden sich die verschiedensten Abwandlungen, besonders im Bau der Äste und Strahlen.
Dies Wundergebilde aber entsteht nicht nur einmal im Leben des

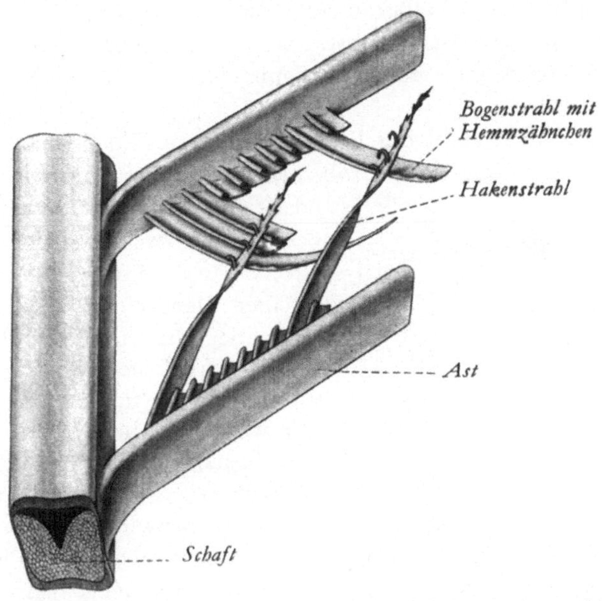

Abb. 13. Ausschnitt aus einer Schwungfeder; Verhakung der „Hakenstrahlen"
mit den „Bogenstrahlen"; die Mehrzahl der Strahlen abgeschnitten gezeichnet.
Vereinfachte Darstellung.

Vogels, sondern aufs Neue bei jedem Federwechsel (Mauser), der
sich gewöhnlich ein- bis zweimal im Jahre vollzieht. Er ist nicht
selten verbunden mit einem Farbwechsel: viele Vögel sehen im
Winterkleid anders aus als im Sommerkleid.

Wie sind die Schwungfedern zu Bildung der Gesamtflügelfläche
miteinander verbunden? Die Zahl der körpernahen „Armschwingen", die sich auf die Elle stützen, schwankt je nach der Unter-
armlänge beträchtlich (z. B. nur 6 beim Kolibri, dagegen 40 beim
Albatros); die Hand dagegen trägt meist 10 Schwingen. Diese
überdecken sich wie die Blätter eines Fächers (Abb. 10), so daß
der vom Körper abgewandte Außenteil der Fahne („Außenfahne")

sich von oben auf die „Innenfahne“ der nächstfolgenden Schwinge
legt. Schon bei den äußeren Armschwingen, am deutlichsten bei
den Handschwingen ist die Außenfahne schmäler als die Innenfahne; bei den äußersten Handschwingen (Abb. 10) ist dann die
schmale Außenfahne zur „Vorderfahne“ geworden, deren Kante
beim Flug vom Luftstrom angeblasen wird. Die fächerartige Anordnung der in sich recht steifen Schwingen erleichtert, ja ermöglicht überhaupt erst das Zusammenlegen und Ausbreiten des
Flügels.

Ein Querschnitt durch den gestreckten Flügel zeigt ein nach
oben gewölbtes Profil (Abb. 14). Das kommt dadurch zustande,
daß die einzelnen Armschwingen
der Länge nach, die mehr und mehr
in die Längsrichtung des Armes gestellten Handschwingen mehr und
mehr der Quere nach gewölbt sind;
dabei zeigen die äußersten Handschwingen in sich noch eine gewisse
Verwindung, wie wenn beim aus-

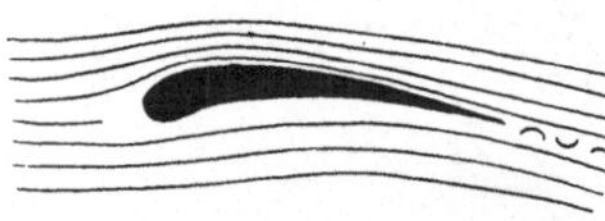

Abb. 14. Verlauf der Luftströmung
am (schwarz gezeichneten) Flügelquerschnitt; der Flügelbug (links)
ist von vorn angeblasen.

gestreckten rechten Arm die Hand nach rechts gedreht wird. Bei
vielen, besonders bei breiten Flügeln, — die Breite hängt natürlich vor allem von der Länge der Armschwingen im Verhältnis
zur Gesamtflügellänge ab —, sind bei ganz gestrecktem Flügel die
äußeren Handschwingen so auseinander gespreizt, daß zwischen
ihnen Lücken entstehen (Abb. 20). Dann hat jede einzelne dieser
Handschwingen Profil und Wirkung eines Miniaturflügels. Der
gleichmäßige Übergang vom verdickten Flügelvorderrand zur
gewölbten Schwungfeder im Unterarmbereich kommt durch
kleinere Deckfedern zustande, die dem Profil erst die richtige
Glätte geben.

Wenn ein Vogel mit ausgebreiteten Flügeln durch die Luft
segelt, so trifft der Luftstrom den Flügelbug. Die Wölbung hat
zur Folge, daß der Flügel bei bestimmter Haltung weitgehend
wirbelfrei von der Luft umflossen wird (Abb. 14) und daß dabei
bestimmte Luftkräfte entstehen, die das Fliegen überhaupt erst
ermöglichen.

Ein mit gebreiteten Schwingen ausgestopfter Vogel wird auf
einer Waage befestigt (Abb. 15) und dann von vorn kräftig an-

geblasen, — es ist ja für diese Betrachtung gleichgültig, ob der Vogel stillsteht und die Luft bewegt wird, oder ob der Vogel in

unbewegter Luft vorwärts gleitet —; wir sehen dann, daß der Vogelkörper, der doch der Schwerkraft unterworfen ist, als Ganzes gehoben wird. Damit ist das Auftreten einer wichtigen hebenden Luftkraft quer zur Luftströmung beziehungsweise quer zur Bewegungsrichtung des Vogels, einer „Querkraft" sinnfällig aufgezeigt. In der Tat entsteht über dem nach oben gewölbten Flügel, wo die Luftschichten, etwas zusammengedrängt, mit großer Geschwindigkeit vorbeigleiten, ein erheblicher Unterdruck oder Sog. Unter dem Flügel, wo der Luftstrom durch die Art der Wölbung etwas verlangsamt wird, entwickelt sich ein zwar kleinerer, aber im gleichen Sinne, das heißt nach oben wirkender Überdruck. Beides zusammen bildet den Auftrieb. Als weitere Luftkraft tritt ein wegen des günstigen Profils verhältnismäßig geringer Widerstand auf, der in der Anströmrichtung, bei einem mit ruhend ausgebreiteten Flügeln gleitenden Vogel also seiner Bewegungsrichtung entgegen wirkt (Abb. 17). Er wäre dann am größten wenn

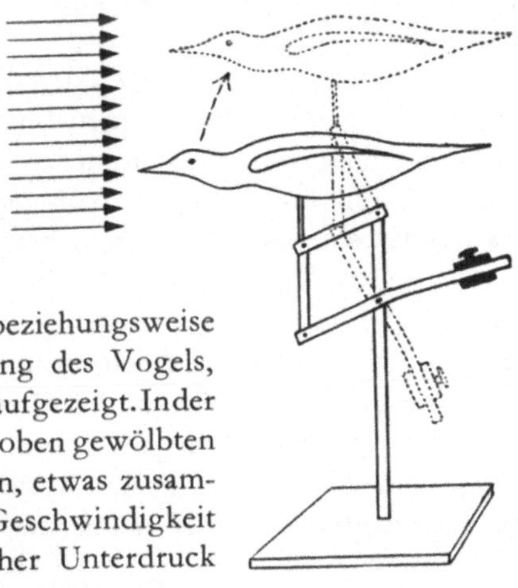

Abb. 15. Vogel mit ausgebreiteten Flügeln auf der Waage befestigt und von vorn angeblasen; er wird gehoben.

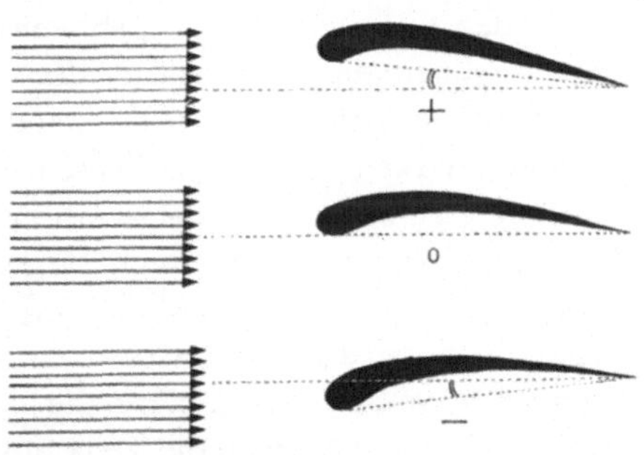

Abb. 16. Verschiedener Anstellwinkel des Flügels; er ist oben positiv, in der Mitte gleich Null, unten negativ.

der Flügel mit ganzer Fläche gegen den Luftstrom gestellt würde.

Die Größe der Luftkräfte hängt von verschiedenen Umständen ab, zum Beispiel von der Form des Flügelprofils, ferner von der

Geschwindigkeit, mit der sich Luft und Flügel gegeneinander bewegen: Auftrieb und Widerstand nehmen bei sonst gleichbleibenden Bedingungen bei größerer Geschwindigkeit zu. Eine besonders wichtige Rolle aber spielt der „Anstellwinkel“; das ist, wie Abb. 16 zeigt, der Winkel, den die Bewegungsrichtung (Luft gegen Flügel oder Flügel gegen Luft) mit einer Geraden bildet, die Flügelbug mit Flügelhinterkante verbindet. Der Anstellwinkel kann positiv, gleich Null oder negativ sein (Abb. 16). Es besteht eine ganz bestimmte Beziehung zwischen der Größe des Anstellwinkels und den bei einer gewissen Geschwindigkeit auftretenden Luftkräften (Auftrieb und Widerstand). Der Auftrieb ist am größten bei einem positiven Anstellwinkel, der freilich eine gewisse Größe ($15-20^0$) nicht überschreiten darf, da sonst der Widerstand zu groß wird. Wir werden sehen, daß das Wissen um die Bedeutung des Anstellwinkels wesentlich ist für das Verständnis des aktiven Fliegens.

Segelflieger

Ein mittelgroßer Vogel — etwa eine Taube — stößt sich bei Windstille vom Dach eines hohen Hauses nach vorn ab und breitet die Flügel, denen sie einen bestimmten Anstellwinkel gibt. Sein Gewicht zwingt ihn zur Erde. Aber er stürzt nicht senkrecht ab, da an den nun von vorn angeblasenen Flügeln (Bewegung des Vogels gegen die Luft) sofort die oben erwähnten Luftkräfte entstehen, Auftrieb und Widerstand, die beide senkrecht zueinander wirken (Abb. 17). Diesen beiden Teilkräften der Gesamtluftkraft wirkt die Schwerkraft entgegen, die als Ganzes den Vogel nach unten zieht. Auch sie läßt sich in zwei Teilkräfte zerlegen, deren jede den Teilkräften der Luftkraft entgegengesetzt zugeordnet ist, dem Widerstand eine Teilkraft, die den Vogel nach vorn treibt. Bleiben sonst die Bedingungen (z. B. Anstellwinkel) gleich, so werden die Teilkräfte schließlich zueinander ins Gleichgewicht kommen. In dem Augenblick, in dem das der Fall ist, ist eine gleichmäßige Gleitgeschwindigkeit auf einer in einem bestimmten Winkel (Gleitwinkel) zur Horizontalen geneigten Bahn erreicht. Jeder Vogel, der gut gleiten kann, besitzt einen „kleinsten Gleitwinkel“, der vor allem vom Flügelbau abhängt, einen bestimmten Anstellwinkel verlangt, und mit dem er ohne Flügelschlag am weitesten kommt. Er ist verschieden bei verschiedenen Vogelarten; eine Taube bringt es bei gleichem Höhenverlust weniger weit als ein Adler oder gar ein Albatros. Die besten Segelflugzeuge übertreffen in dieser Hinsicht noch die besten Gleiter unter den Vögeln.

Die Größe des Gleitwinkels hängt beim gleichen Vogel ab vom Verhältnis zwischen Auftrieb und Widerstand und damit vom Anstellwinkel. Ein steileres Herabgleiten kann auf zweierlei Weise

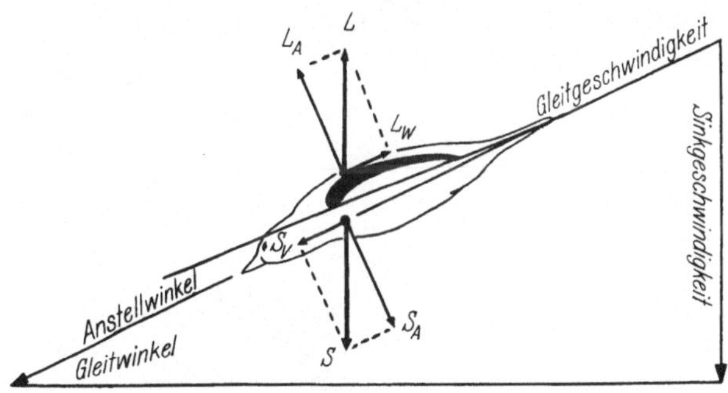

Abb. 17. Die beim Gleiten mit gleichmäßiger Geschwindigkeit wirksamen Kräfte (Flügelquerschnitt schwarz). S = Schwerkraft, im Körperschwerpunkt angreifend, mit zwei Teilkräften: SV = Vortrieb, SA = Abtrieb. L = Luftkraft, im Flügeldruckpunkt angreifend, mit zwei Teilkräften: LW = Widerstand, LA = Auftrieb.

erreicht werden: bei kleinerem Anstellwinkel und daher geringerem Widerstand, Erfolg: erhöhte Gleit- und Sinkgeschwindigkeit; bei größerem Anstellwinkel und daher höherem Widerstand, Erfolg: verlangsamte Gleit- und Sinkgeschwindigkeit. Der Vogel hat es durch Veränderung des Anstellwinkels „in der Hand", die Form des Herabgleitens den gegebenen Verhältnissen anzupassen.

Segeln aber ist nichts anderes als ein Gleiten im aufsteigenden Luftstrom, der den vom Gewicht auf einer Gleitebene vorwärtsabwärts gezogenen Vogel gegenüber der Erde versetzt, bei starkem Aufwind sogar Höhe gewinnen läßt. Manche Vögel wissen den Aufwind am Hang (Abb. 18) geschickt zu nützen. Durch Änderung des Anstellwinkels oder auch durch stärkeres Strecken des Flügels bei schwachem, geringeres Strecken bei starkem Wind können sich zum Beispiel Möwen an der Dünenküste oder hinter Schiffen, Alpendohlen an Gipfelwänden vortrefflich auf die Windbedingungen einstellen. Ein Zweites ist das Ausnützen der schon erwähnten Thermik, der über dem Lande bei Sonnenschein durch unregelmäßige Erwärmung des Bodens entstehenden aufsteigenden Luftkörper. Der kreisend an Höhe gewinnende Bussard, Geier oder Storch nutzt einen Schlauch oder eine Blase aufsteigender warmer Luft (Abb. 19). Verläßt er diesen Bereich, so muß er unter Höhenverlust im Gleitflug einen neuen Thermikschlauch zu erreichen suchen, falls er es nicht vorzieht, zum Ruderflug überzugehen.

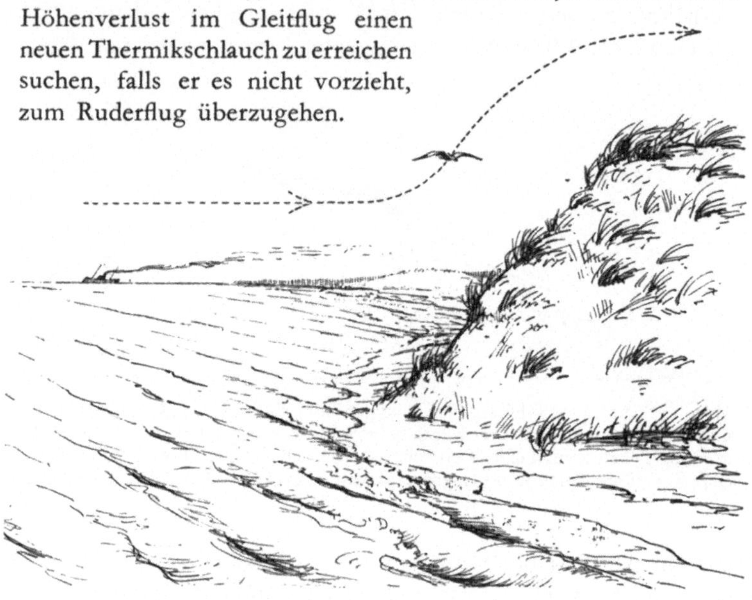

Abb. 18. Möwe, im Aufwind vor der Düne segelnd.

Nicht jeder Vogel ist ein guter Segler bzw. Gleiter, wie denn überhaupt die Vielfalt der Flugformen bei den Vögeln erstaunlich ist. Ein guter, ausdauernder Segler darf nicht zu leicht sein, da ihn ja sein Gewicht auf der Gleitbahn vorwärts ziehen muß. So kleine Vögel wie Schwalben und Mauersegler gleiten höchstens ein kurzes Stück dahin zwischen den Flügelschlägen. Die guten Segler — manche größere Raubvögel, Möwen, Sturmvögel, Albatrosse —, haben ferner vergleichsweise lange, nicht selten auch recht schmale Flügel (auftriebgebende Fläche groß). Indessen zeigen die Flugbilder von zwei guten Segelfliegern (Abb. 20), eines Geiers und eines Albatros, mit wie verschiedenen Mitteln das gleiche

Ziel erreicht werden kann. Diese Unterschiede hängen offenbar mit den verschiedenen Segelbedingungen auf dem Lande einerseits (Raubvögel), auf hoher See andererseits (Albatros) zusammen. Lange und breite Flügel bedeuten vergleichsweise geringe Flächenbelastung (bei Gänsegeier mit $4^1/_2$ kg Gewicht etwa 9 kg/qm) und damit geringe Sinkgeschwindigkeit und verhältnismäßig langsames Gleiten; das sind für die Thermikausnützung günstige Eigenschaften; weniger gut sind sie für die Stabilität im Wind.

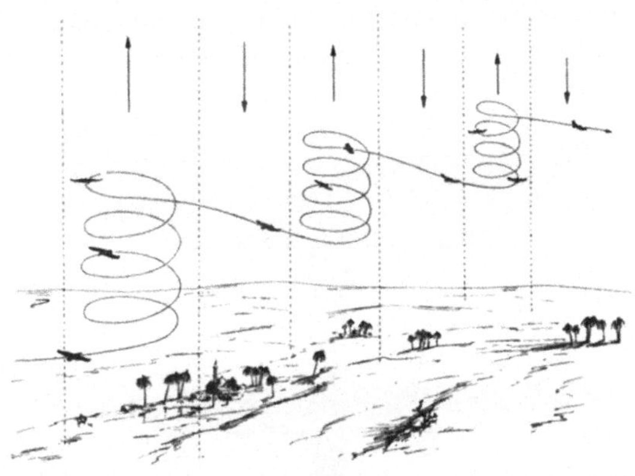

Abb. 19. Geier, in der Wüste segelnd unter Ausnutzung von Schläuchen aufsteigender Luft; Richtung der Luftbewegung durch Pfeile angegeben.

Zu den Aufwindseglern gehören auch die Störche; sie legen einen nicht geringen Teil der Frühjahrs- und Herbstwanderung in kreisendem Segelflug zurück. Da es nur auf dem Lande kräftige Aufwinde gibt, verstehen wir, warum ihr Wanderweg westlich oder östlich um das Mittelmeer herumführt und nicht quer darüber hinweg.

Selbstverständlich kommt es für die Entstehung von Luftkräften ausschließlich auf die Bewegung des Vogels im Vergleich zur umgebenden Luft an, ob diese nun an sich still ist oder bewegt. Ein mit gleichmäßigem horizontalen Rückenwind fliegender Vogel spürt diesen Wind überhaupt nicht, wird von ihm mitgenommen wie ein treibendes Boot von der Strömung des Flusses. Er hilft ihm, ein Endziel schneller zu erreichen. Was ihn in diesem Fall zum Fliegen bringt, ist die zur Windgeschwindigkeit hinzuzuzählende, über diese hinausgehende Eigengeschwindigkeit durch

Abwärtsgleiten (oder Ruderschlag), die den von vorn kommenden, für die Entstehung von Luftkräften notwendigen Fahrwind gibt. Für Fliegen in gleichmäßigem Gegenwind gilt ganz Entsprechendes; auch er existiert hinsichtlich der Erzeugung von Luftkräften für den Vogel nicht, hindert ihn lediglich am Vorankommen gegenüber der Erdoberfläche.

Nun gibt es aber auch unter den Seevögeln ausgezeichnete Segler. Die Möwen wollen wir hier ausnehmen; sie sind Aufwindsegler am Dünenhang oder an Schiffsrümpfen und keine ausgesprochenen Hochseevögel. Weitab vom Lande aber sieht man

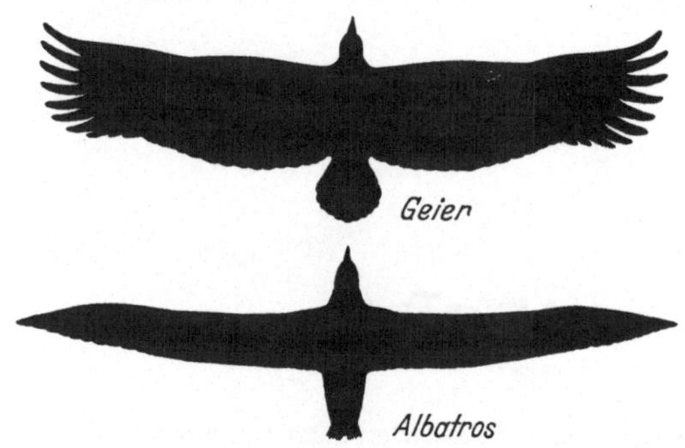

Abb. 20. Flugbild eines Landseglers (Geier) und eines Meeresseglers (Albatros).

die Albatrosse, Fregattvögel und Sturmschwalben stundenlang fast ohne Flügelschlag dahinsegeln, in einem Bereich also, in dem von Aufwinden wie zu Lande nicht die Rede sein kann. Wie ist hier das Segeln möglich?

Wir nehmen als Beispiel den Albatros, den größten (Gewicht etwa 7 kg, Spannweite bis über 4 m) und wohl elegantesten Meeressegler. Sein Flugbild (Abb. 20) zeigt die erstaunlich langen und schmalen Flügel. Die Flächenbelastung ist groß (etwa 16 kg/qm), der Widerstand durch die Schmalheit der Flügel verhältnismäßig klein; das bedeutet große Schnelligkeit im Gleiten, aber auch große Stabilität im Winde. Das ist wichtig. Denn er ist beim Segeln in besonderer Weise auf den Wind angewiesen.

Der Windsegelflug des Albatros spielt sich etwa in der 30 m-Schicht über der Wasseroberfläche ab (Abb. 21). Hier fliegt er bei nicht zu geringen Windstärken in ganz regelmäßiger Weise Kurven, wobei der Anstieg stets gegen den Wind dicht über dem Meeresspiegel beginnt. Nach einer Kurve folgt ein Abstieg mit Seitenwind, alles ohne Flügelschlag. Wie ist das möglich? Dicht über dem Wasser ist die Windgeschwindigkeit wegen der Reibung an der bewegten Wasseroberfläche bedeutend geringer als etwa

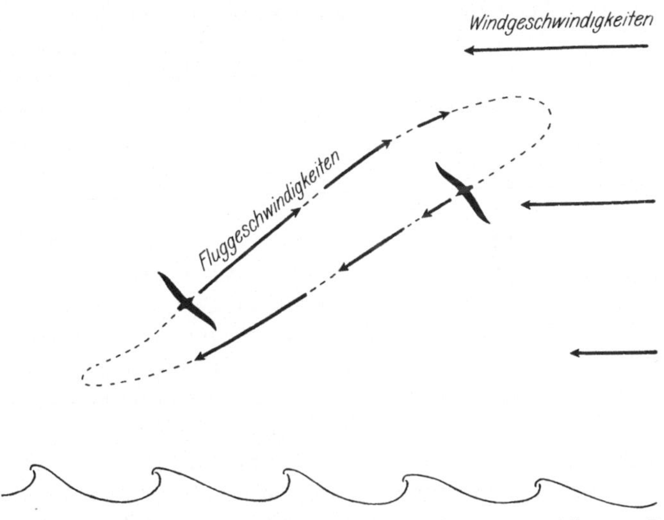

Abb. 21. Vereinfachte Darstellung des Kurvensegelflugs eines Albatros. Der Vogel fliegt beim Abstieg in Wirklichkeit nicht mit dem Wind, sondern schief zum Wind, also nicht auf der gleichen Bahn zurück. Genaueres im Text. Kurze Pfeile bedeuten geringere, lange Pfeile höhere Flug- bzw. Windgeschwindigkeit.

in 20 m Höhe. Wenn der Albatros gegen den Wind in die Höhe steigt, kommt er in stärkere Luftströmung und gewinnt Auftrieb, allerdings auf Kosten der Geschwindigkeit. Geht er nach der Kurve zum Abwärtsgleiten über, so gewinnt er Geschwindigkeit und erhält damit den Schwung für den nächsten Aufstieg gegen den Wind. Der Albatros segelt also unter Ausnutzung der mit der Höhe zunehmenden Windgeschwindigkeit; es ist begreiflich, daß bei großer Windstärke die Flugkurve etwas anders aussieht (höhere Lage der oberen Wendepunkte) als bei geringer.

Aktive Bewegung in Luft und Wasser

Der aktive Flug der Vögel

Es ist eigentlich nur in bedingtem Maße richtig, von „dem Vogelflug" zu sprechen; denn die Flugweisen nicht nur verschiedener Vögel, sondern oft auch der gleichen Vogelart können außerordentlich verschieden sein. Aber ob es sich nun um aktiven Ruderflug oder um Gleitflug handelt, immer entstehen die Luftkräfte, die den Vogel tragen, dadurch, daß der Flügel sich, bezogen auf die Luft, unter einem bestimmten Anstellwinkel mit der Kante voran bewegt. Wir hatten die dabei auftretenden senkrecht zueinander wirkenden Teilkräfte der Luftkraft bereits als Auftrieb (quer zur Bewegungsrichtung des Flügels wirkend) und Widerstand (der Bewegungsrichtung des Flügels entgegen wirkend) kennen gelernt. An sich wäre auch ein aktives Fliegen bei Verzicht auf die Querkraft unter Ausnutzen möglichst großen Widerstandes denkbar. Der Widerstand wäre dann am größten, wenn der Flügel mit breiter Fläche nach hinten-unten geschlagen würde. Das wäre aber ein sehr kraftzehrendes und daher unrentables Verfahren; denn hinter der so bewegten Fläche entstehen Wirbel; letzten Endes tritt also Reibungswärme auf, die mit einem beträchtlichen Teil der aufgewendeten Muskelkraft bezahlt werden muß. Wir spüren diesen Widerstand ja unmittelbar und sehen zugleich die Wirbel, wenn wir ein Kartenblatt, Fläche voran, durch stauberfüllte Luft bewegen. Das Gleiche gilt für Bewegung im Wasser; die Wirbel hinter der Ruderfläche hat jeder schon gesehen. Der Vogel aber setzt beim aktiven Flug im allgemeinen alles daran, den Widerstand so klein wie möglich zu machen, bedient sich der Querkraft, die ihm teils als Auftrieb, teils, wie wir sehen werden, auch als nicht minder notwendiger Vortrieb zugute kommt.

Eine Krähe streicht in ruhigem Ruderflug dahin; in gleichmäßigem Rhythmus schlagen die Flügel aufab; der zwischen den bewegten Flügeln hängende Körper aber gleitet gleichmäßig, ohne beim Abschlag zu steigen, beim Aufschlag zu fallen. Das heißt: einerseits muß der Vortrieb oder Schub erzeugt werden, der den Vogel voranbringt, andrerseits muß der durch den Luftstrom erzeugte Auftrieb, der das Abstürzen verhindert, trotz der

rhythmischen Flügelbewegung ständig gleich bleiben. Das ist
möglich durch die besondere Bewegungsform des schwingenden
Vogelflügels. Der Flügel ist im Schultergelenk am Körper befestigt; das Ausmaß der Bewegung ist also am körpernahen Armteil kleiner als am körperfernen Handteil. Zum anderen kann der
Handteil gegen den Armteil verwunden werden, d. h. beide Teile
können zu gleicher Zeit einen verschiedenen Anstellwinkel haben.
Es hat sich gezeigt, daß am schwingenden Flügel sogar noch bei
einem positiven Anstellwinkel von 30⁰ ein starker Auftrieb entsteht. (Der Anstellwinkel ist immer zu beziehen auf die Richtung

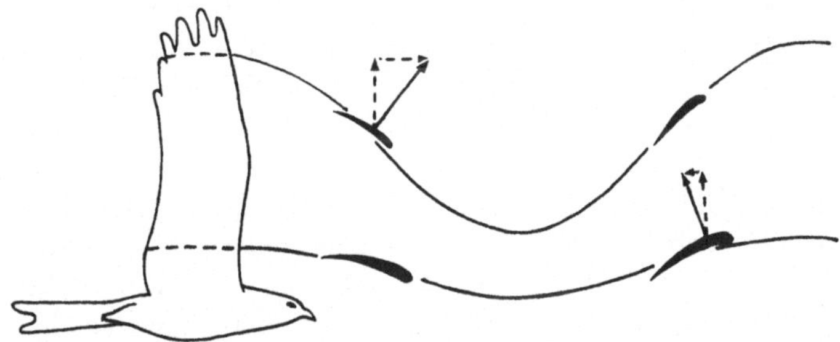

Abb. 22. Wechsel des Anstellwinkels von Arm- und Handteil des Flügels und
damit der Luftkräfte bei horizontalem Ruderflug; vereinfacht dargestellt.

der Luftströmung, die im gegebenen Augenblick den Flügel trifft,
nicht auf die horizontale Erdoberfläche.) Erst durch die richtige
Einstellung der Verwindung des Handteils gegen den Armteil ist
der aktive Schwingenflug möglich. Die Verwindung aber ist bei
einem mit mäßig schnellem Flügelschlag ruhig dahinfliegenden
Vogel so (Abb. 22): beim Abschlag wird der körpernahe Armteil
von vorn (schwacher oder überhaupt fehlender Auftrieb), der
Handteil bei günstigem positivem Anstellwinkel von unten angeblasen. Die dabei entstehende Luftkraft (Querkraft) als Ganzes
wirkt (Abb. 22) nach vorn aufwärts, enthält also zwei Teilkräfte:
eine tragende (senkrecht nach oben) und eine vorantreibende
(Schub nach vorn). Am unteren Drehpunkt, beim Übergang zum
Aufschlag wird die Verwindung geändert: der Armteil erhält
einen positiven Anstellwinkel (starker Auftrieb, etwas Rücktrieb),
der Handteil wird von vorn oder sogar ein wenig von oben angeblasen (kein Auftrieb, evtl. sogar schwacher Abtrieb). So teilen

sich bei Auf- und Abschlag Hand- und Armteil des Flügels in die Aufgaben mit dem Erfolg, daß für die Erzeugung der tragenden Kraft abwechselnd beide Teile tätig sind (Handteil bei Abschlag, Armteil bei Aufschlag), daß der Vortrieb aber allein vom Handteil beim Abschlag geliefert wird. Bei weitgehend gleichbleibendem Auftrieb schwankt also die Stärke des Vortriebs beträchtlich; die Trägheit der Körpermasse bewirkt jedoch, daß die Geschwindigkeit der Vorwärtsbewegung sich trotzdem ziemlich gleich bleibt. Offensichtlich ist beim Niederschlag mehr Arbeit zu leisten als beim Aufschlag; wir verstehen, daß die Senker unter den Flugmuskeln in der Regel viel mächtiger sind als die Heber.

Beim Abschlag ist also der körperferne, beim Aufschlag der körpernahe Flügelteil mit dem Körpergewicht belastet. *E. v. Holst*, dem wir grundlegende Arbeiten über den Vogelflug verdanken, hat für die Verhältnisse beim Ruderflug des Vogels einen sehr anschaulichen Vergleich gefunden. Die Flügelpunkte beschreiben ja eine Wellenbahn, die Flügelspitze eine steilere als ein Flügelpunkt nahe dem Körper (Abb. 22). „Denken Sie sich bitte diese Wellenbahn des Flügels erstarrt zu einer Kette gleichmäßiger schneebedeckter Hügel; und denken Sie sich den Vogel sinngemäß ersetzt durch einen kleinen rodelnden Knaben. Dieser Knabe möchte, ebenso wie der Vogel es scheinbar kann, ohne Aufenthalt über einen nach dem andern dieser Hügel hinweggleiten. Doch zu seiner Enttäuschung muß er entdecken, daß sein Schwung nicht ausreicht — er bleibt immer schon vor dem Gipfel des nächsten Hügels stehen (Abb. 23 oben). Nun hat unser Knabe folgenden Einfall: mit einem langen Brett wird ein zweiter Schlitten parallel an dem ersten befestigt, der neben diesem im flacheren Hügelgelände mitfährt (Abb. 23 unten). Zwischen diesen beiden Schlitten wechselt der Knabe nun ab. Bergab sitzt er auf dem ersten, im Tal rutscht er behende auf den zweiten, und nun reicht der Schwung mit Leichtigkeit aus zur Überwindung der viel flacheren Steigung. Oben angekommen klettert er schnell wieder auf den ersten Schlitten und das Spiel wiederholt sich von neuem." Die sehr genaue Kenntnis der an schwingenden Flächen auftretenden Luftkräfte und der so wichtigen Verwindung ermöglichten *v. Holst* den Bau seiner berühmt gewordenen „künstlichen Vögel" (Abb. 24). Ist der Motor eines solchen Vogels aufgezogen — die Kraft

für die Bewegung der Schwingen wird von gespannten Gummi-
fäden geliefert —, so kann er nicht nur geradeaus fliegen, sondern
auch Höhe gewinnen, bei passender Einstellung der Flügelspan-
nung und -haltung sogar „rütteln"; durch unvermutete Wind-
stöße aus dem Gleichgewicht geworfen, muß er keineswegs abstürzen, sondern kann, wie ein lebender Vogel, in Kürze wieder
zur Gleichgewichtslage kommen. Auch verschiedene Steuermög-

Abb. 23. Ein rodelnder Knabe zeigt das Prinzip des Ruderflugs.

lichkeiten lebender Vögel konnten an den Modellen aufgezeigt
werden (vgl. S. 44).

Durch Abwandlung des geschilderten Grundprinzips sind sehr
verschiedene Flugformen möglich. Wir können nur wenige Sonder-
formen erwähnen. Bekannt ist der Bogenflug vieler Kleinvögel:
zwischen Perioden mit schnellen Flügelschlägen schießt der Vogel
mit angelegten Flügeln im Bogen dahin. Die schnelle Schlagfolge,
sehr bezeichnend für alle Kleinvögel, ist mit dadurch bedingt, daß
der Flügel beim Aufschlag mehr oder weniger stark an den Körper
angelegt wird. Das machen überhaupt viele Vögel, zum mindesten mit dem Handflügel, der ja beim Aufschlag als Auftriebs-
spender nicht wichtig ist und dann im Handgelenk nach hinten
gebeugt wird. Wird der Flügel beim Aufschlag noch stärker
angelegt, so muß, wie beim Bogenflug der Kleinvögel, die

verringerte Aufschlagshubkraft des körpernahen Flügelteils durch
die schnellere Schlagfolge ausgeglichen werden.

Durch Größe, Gewicht, Flügelform (also Flächenbelastung,
Verhältnis von Armlänge zu Handlänge) sind jeder Vogelart in
der Flugweise gewisse Grenzen gesetzt. Es gibt ausgesprochene
Schnellflieger mit harten, d. h. windfesten, spitzen Flügeln (z. B.
Flugwild fangende Falken); sie müssen diese Fähigkeit in der

Abb. 24. Ein „künstlicher" Vogel von *v. Holst* bei Beginn des Abschlags der
Flügel; die Verwindung im äußeren Flügelteil ist sehr deutlich.

Regel erkaufen mit einem Verzicht auf Wendigkeit. Diese wiederum, gepaart mit schneller Brems- und Steuerfähigkeit, verlangt
einen kürzeren und breiteren Flügel mit gut ausgebildetem
Schwanzsteuer (z. B. Sperber, Habicht).

Bei breiten Flügeln ist der Handteil mehr oder weniger deutlich
in Teilstücke zerlegt (Abb. 20): die einzelnen Handschwingen mit
schmaler, hier nach vorn gerichteter „Außenfahne", mit breiter
nach hinten gerichteter „Innenfahne", sind besonders beim Abschlag weit auseinandergespreizt. Der breite Flügel ist nach dem
Ende zu aufgelöst in eine Reihe hintereinanderliegender schmaler,
spitzer Teilflügel. Da wir die Bedeutung des Handflügels für die
Erzeugung von Vortrieb nunmehr kennen, verstehen wir die Be-
zeichnung „Vortriebsfedern" für diese gespreizten Handschwingen.

42

Sie sind insbesondere (wenn auch nicht ausschließlich) bezeichnend für solche Vögel, die vom Start weg den Flug stark zu beschleunigen vermögen.

Es ist der entscheidende Vorteil der mit schwingenden Flügeln ausgestatteten Vögel vor den Starrflügelflugzeugen mit Propeller- oder Düsenantrieb, daß durch Änderung der Schwingungsebene, der Schlagfolge und der Anstellwinkel den auftretenden Luftkräften außerordentlich verschiedene Richtung und Stärke verliehen werden kann. Manche Vögel können, wenn auch unter großer Anstrengung, senkrecht nach oben wegfliegen, andere am Platz „rütteln". Am häufigsten sieht man das Rütteln unter den

Abb. 25. Flugbilder eines am Ort schwirrenden Kolibris, Bildfolge von rechts nach links (nach Zeitlupenfilm).

einheimischen Vögeln beim Turmfalken („Rüttelfalk"), der so von hoher Warte aus die Beute erspäht; es kommt aber gelegentlich auch bei vielen anderen Vögeln vor. Besonders bezeichnend ist es für die in Mittel- und Südamerika in großer Artenzahl heimischen Kolibris, die vor den Blüten rüttelnd den Nektar saugen. Beim Rütteln der Kolibris schwingen die Flügel in einer horizontalen Ebene hin und her mit dem Erfolg, daß die Hauptluftkraft — sie entspricht dem Schub beim horizontalen Flug —, nunmehr nach oben wirkt und den Vogel trägt. Während beim Vorschlag (= Abschlag) die Flügeloberseite nach oben zeigt, ist die Verwindungsdrehung beim Rückschlag (= Aufschlag) so stark, daß jetzt die Flügelunterseite nach oben schaut (Abb. 25). Die bezeichnende, für das Auftreten der Luftkräfte wichtige Wölbung der Flügelfläche würde also beim Rückschlag „verkehrt" stehen, wenn sie nicht mit der Drehung ebenfalls umgestellt würde. Das wird dadurch möglich, daß an den mit hoher Schlagzahl arbeitenden Flügeln (30—50 in der Sekunde) praktisch nur der Handteil tätig ist, an dem die Schwingen weitgehend in der Richtung der Flügellängsachse stehen und beim Rückschlag des verdrehten Flügels dem Luftstrom so ausweichen, daß sich die Wölbung umdreht.

Es liegt auf der Hand, daß hier bei Vor- und Rückschlag gleich viel Kraft gebraucht wird; so sind denn beim Kolibri Heber und Senker, im Gegensatz zu anderen Vögeln, fast gleich stark.

Besondere Aufgaben sind dem Vogel beim Steuern im Flug, beim Starten und Landen gestellt. Als Tiefensteuer im Gerade-ausflug wird häufig der Schwanz gebraucht. Das Gleiche kann aber auch durch Zurücknehmen der Flügel erreicht werden: Dre-hung vorne abwärts, da die Druckmittelpunkte der Flügel gegen den Schwerpunkt des Körpers nach hinten verschoben werden. Umgekehrt wird Höhensteuer gegeben durch Vornehmen der Flügel. Weniger gut sind wir über das Seitensteuern unterrichtet. Wahrscheinlich spielt seitenverschiedene Verwindung eine be-deutende Rolle, was eine Verschiedenheit des Vortriebs und damit Hineingehen in einen Bogen zur Folge hat. Eine andere Möglich-keit, auf die *Lorenz* hinweist, ist, daß der Vogel sich zur Seite wirft und Höhensteuer gibt.

Voraussetzung für leicht auszuführende Drehungen und Wen-dungen aber ist eine gewisse Labilität der Fluglage (Körper-schwerpunkt nicht zu tief im Vergleich zu dem Druckmittelpunkt der Flügel). Wenn bei stark über den Rücken hochgenommenen Flügeln der Schwerpunkt tief liegt — man sieht diese Flügel-haltung zuweilen bei gleitenden Tauben —, so ist aus diesem stabilen Gleichgewicht heraus eine geschickte Wendung nicht so leicht möglich. Fliegen mit labiler Gleichgewichtslage — das Gleiche gilt für Bewegung im freien Wasserraum —, erhöht zwar die Wendigkeit, verlangt aber zugleich dauerndes Anbringen von Korrekturen, von Ausgleichsbewegungen, wenn in böigem Wind ein gerader Flugweg eingehalten, ein Kippen vermieden werden soll. Das aber erfordert nicht nur einen vorzüglichen mechanischen Flugapparat, sondern vor allem auch hohe Leistung von Sinnes-organen und Nervensystem. Wenn der Vogel nicht merkt, daß er umkippt, kann er auch nicht die entsprechenden Gegenmaß-nahmen treffen. Das innere Ohr, das Labyrinth, ist — neben dem Auge — das Sinnesorgan, das den Vogel Lage und Drehung im Raum wahrnehmen läßt. Aber das beste Sinnesorgan leistet nur gerade so viel, wie das Nervensystem verwerten kann, dem es die Erregungen zuleitet; denn im Nervensystem werden die von den Sinnesorganen kommenden Impulse in verschiedenster, aber stets geordneter Weise umgeschaltet auf andere Nervenbahnen, die zu den ausführenden Muskeln ziehen. Diese Umschaltungen finden bei Wirbeltieren vorzüglich im Kleinhirn statt. So ist es verständlich, daß dieser Hirnteil bei Vögeln und übrigens auch bei Fischen sehr gut ausgebildet ist, also bei Tieren, die nicht an die Erdoberfläche gebunden sind, sondern sich frei im Raum bewegen.

Der Start zum Flug ist leicht vom hohen Sitzplatz aus. Da es darauf ankommt, daß der Vogel zunächst einmal in Fahrt kommt, braucht er sich nur fallen zu lassen. Verhältnismäßig leicht ist auch der Start gegen den Wind, da die Flügel sofort beim Ausbreiten angeblasen werden. Höhere Anforderungen schon stellt der Start bei Windstille vom Boden weg. Indessen gelingt vielen Vögeln schon mit einem einzigen Schlag das Loslösen vom Boden, oft unterstützt durch kräftiges Abstoßen mit den Beinen. Manche Vögel nehmen auch einen Anlauf, Wasservögel nicht selten auch auf der Wasseroberfläche, so die Reibung des Körpers mit dem Wasser vermindernd.

Beim Landen aber muß gebremst werden. Liegt der Landeplatz hoch (etwa auf einem Baum), so wird zuweilen erst ein tieferer Punkt angesteuert und dann durch Höhensteuergeben die Geschwindigkeit gemindert; nach einigen Flügelschlägen mehr nach vorn — zugleich sind meist die Schwanzfedern gespreizt —, packen die Füße sicher den Ast. Wenn beim Bremsen die Flügel mit breiter Fläche nach vorn geschlagen werden, bedient sich also der Vogel des Widerstands; vielleicht ist dann beim Gegenschlag (nach hinten) der Widerstand dadurch verringert, daß sich zwischen den Schwingen — Drehung um ihre Längsachse, Innenfahne breiter als Außenfahne — jalousieartig Spalten öffnen. Die Landung am Boden (Abb. 26) erfordert meist ein energischeres Abbremsen durch Höhensteuer und rüttelnden Flügelschlag; dabei kommt der Vogel zuweilen noch über dem Landeplatz zum „Stillstand", läßt sich dann mit fallschirmartig ausgebreiteten oder hochgenommenen Flügeln senkrecht herabsinken. Für die Beine, die ja den Aufprall abfangen müssen, ist „Landung" auf dem Wasser weniger gefährlich; mit vorgestreckten Beinen rutscht die Ente noch einige Meter auf der Oberfläche entlang. Da beim Abbremsen der Anstellwinkel sehr groß wird, besteht die Gefahr, daß der Auftrieb zu plötzlich abnimmt und daß der Vogel abstürzt.

Diese Gefahr wird gemindert durch Abspreizen des Daumen-
fittichs am Flügelbug (Abb. 10); durch den so entstandenen Spalt
strömt die Luft und kann auch bei großem Anstellwinkel noch
auftriebgebend abfließen, bis die Bremswirkung zur Geltung
kommt. Beim fördernden gewöhnlichen Flug aber ist der Daumen-
fittich angelegt. Ähnliche Landevorrichtungen gibt oder gab es
ja auch bei Flugzeugen (Spaltflügel).

Bisher beschäftigte uns der fliegende Einzelvogel. Aber jeder
weiß, daß manche Vögel zuzeiten in Verbänden fliegen. Alle

Abb. 26. Möwe, landend. Flügel weit vorgeschoben (Höhensteuer), Körper
hängt hinten durch, Schwanzfedern gespreizt, Füße vorgehalten.

Übergänge von kleinen Gruppen zu riesigen Scharen kommen vor,
ohne daß in der Regel eine besondere Ordnung festzustellen ist.
Es gibt indessen eine sehr bekannte und auffallende Ausnahme:
Wildgänse, Kraniche und noch einige andere größere Vögel be-
vorzugen auf längeren Wanderflügen den keilförmigen Verband
(Abb. 27). Dabei hält nicht immer der gleiche Vogel die Spitze,
wird vielmehr von Zeit zu Zeit abgelöst. Die beste Deutung mag
folgende sein: da beim Ruderflug die vom Flügel abströmenden
Luftteilchen nach hinten und nach den Seiten rhythmisch be-
schleunigt werden, befindet sich in einem dicht aufgeschlossenen
Verband ein hinten fliegender Teilnehmer in einem rhythmisch
wechselnden Luftstrom. Da stärkeres Anblasen fördernd für die

46

Bildung von Luftkräften, also kraftsparend ist, kann der Nachfolgende bei richtiger Einstellung seines Flügelschlages vom Voranfliegenden Gewinn erzielen. Die keilförmige Formation von Zugvögeln ist ein Sonderfall im Ausnutzen des Verbandfliegens; der hinten-seitlich Folgende wird unterstützt durch den Vordermann. Da der Vogel an der Spitze es am schwersten hat, wird verständlich, daß er sich nach einiger Zeit ablösen läßt.

Abb. 27. Flugkeil ziehender Wildgänse.

In diesem Verband offenbaren sich gewisse Züge, die das Einzeltier zum Teil eines übergeordneten Ganzen machen. Noch deutlicher, aber auch rätselhafter zeigt sich das in den oft riesigen herbstlichen Starenschwärmen. Blitzschnell und wie auf Kommando werden gemeinsame Wendungen vollführt, zieht der Schwarm sich auseinander, ballt sich zusammen, greift als Ganzes einen Raubvogel an, umschließt ihn zuweilen, vorn eine „Höhle" bildend, wie wenn eine Amöbe einen Nahrungsbrocken umfließt. Der Verband als Ganzes wehrt sich auf diese Weise erfolgreich gegen eine Gefahr, die dem Einzelnen droht. Wir berühren damit weniger eine flugtechnische als eine tierpsychologische Frage, die dem Forscher noch manches Rätsel aufgibt.

Muß der Vogel das Fliegen lernen? In den wesentlichsten Dingen nicht. Ein Alpen- oder Mauerseglerjunges wächst in dem Nest, das in einer Fels- oder Mauernische steht, heran, bis die Flügel voll ausgebildet sind; ohne jedes „Üben" schwingt es sich eines Tages in die Luft, in der es sofort zu Hause ist, wie seine Eltern. Von einem bestimmten Alter ab kann eben ein Jungvogel fliegen; die Fähigkeit, die Flügel zu breiten und flugtechnisch richtig zu bewegen — in erster Linie eine Leistung des Zentralnervensystems, von dem aus die Anstöße an die Muskeln gehen —, ist dem Vogel angeboren. Die „Flugübungen", die man bei manchen Jungvögeln (z. B. Störchen) im Nest sieht, sind vor allem Ausdruck des Erwachens der betreffenden Bewegungszentren im Nervensystem. Man kann eine junge Taube an solchen „Übungen" hindern und wird doch feststellen, daß sie auf Anhieb genau so gut fliegt wie ihre gleichaltrigen unbehindert gebliebenen Geschwister. Nur gewisse Dinge beim Start und besonders bei der Landung müssen die Jungvögel mancher Arten lernen, so insbesondere die Kunst, das Landungsziel genau und sicher zu erreichen. Bei schwierigen Landungen lassen manche Vögel ihren „Angstschrei" hören; ein Mensch würde vielleicht nicht anders handeln. Auch die Windverhältnisse des Wohngebietes müssen viele Vögel im Laufe ihres Lebens erst kennen und nützen lernen, besonders die Arten, die auf Segeln im Aufwind angewiesen sind.

Wir wollen diesen Abschnitt nicht verlassen, ohne wenigstens am Rande auf die oft erstaunlichen Flug- und vor allem Orientierungsleistungen der Vögel hinzuweisen. Die Reisen der Zugvögel im Herbst und Frühling gehen oft über weite Strecken; unsere Störche und Schwalben fliegen bis nach Südafrika, viele andere Arten wenigstens bis Mittelafrika. Wenn auch wohl im allgemeinen der Zug mit einer gewissen Gemächlichkeit vonstatten geht, häufig unterbrochen durch lange Pausen für die Nahrungsaufnahme, sind doch in Einzelfällen erstaunliche Dauerleistungen bekannt geworden, so bei den auf hohe Flugleistung gezüchteten Brieftauben. Berühmt ist der Zug eines amerikanischen Goldregenpfeifers, der in einem Zuge in fast zwei Tagen von den Aleuten bis nach Hawai (3300 km) fliegt. Aufregend und voller

Rätsel ist trotz intensiver Forschung nach wie vor die hervorragende Orientierungsfähigkeit der Zugvögel, die ihnen gestattet, über tausende von Kilometern nicht nur ungefähr, sondern sehr genau im Frühling den alten Brutbereich wiederzufinden. Wir wissen zwar, daß es zum mindesten manchen Vogelarten angeboren ist, im Herbst in einer bestimmten Richtung wegzuziehen bzw. im Frühling zurückzukehren. Aber wir kennen noch nicht die feinen Apparaturen in ihrem Körper, die diese Leistung ermöglichen.

Fliegende Kriechtiere und Säugetiere

Wir hatten schon erwähnt, daß unter den Wirbeltieren sich nicht nur die Vögel, sondern im Erdmittelalter auch manche „Kriech"-tiere (Flugechsen), später dann auch die Flattertiere unter den Säugern den Luftraum eroberten. Die Flugechsen sind uns nur aus Versteinerungen bekannt; den Flug der mittelgroßen Flughunde und der kleineren Fledermäuse können wir heute jederzeit untersuchen. Flugtechnisch, d. h. in der Entstehung und Ausnutzung von Luftkräften bei der Flügelbewegung verhalten sie sich grundsätzlich wie die Vögel. Reizvoll aber ist es, die Fluganpassungen der Flugechsen mit denen der Flattertiere unter den Säugern — und mit denen der Vögel — zu vergleichen, soweit sie den Körperbau angehen. Wir müssen uns dabei auf den Skelettbau beschränken, da an den Versteinerungen kaum etwas anderes übrig blieb, können auch nicht auf gewisse Abwandlungen innerhalb jeder Gruppe eingehen.

In beiden Fällen wird die Flügelfläche durch eine Flughaut gebildet, die an den Körperflanken als einheitliche faltbare Fläche entspringt und im Flug durch verlängerte Teile des Armskeletts gespannt gehalten wird (Abb. 28 und 29). Das gleiche Ziel wurde bei Flugechsen und Fledermäusen auf etwas verschiedene Weise und ganz anders als bei den mit Schwungfedern ausgestatteten Vögeln erreicht. Eins allerdings haben sie mit den Vögeln gemeinsam: eine gewisse Versteifung des Brustkorbes und des Flügelbugs.

Bei dem Riesenflugsaurier *Pteranodon* (Abb. 28), dessen Spannweite bis zu 8 m betrug, sind die Brustwirbel weitgehend miteinander verwachsen, das Schulterblatt, das sonst bei den Wirbel-

tieren stets beweglich außen rückwärts auf dem Brustkorb liegt,
ist mit dem Brustteil der Wirbelsäule gelenkig verbunden. Der
Schultergürtel stützt sich also hier in einer Weise auf die Wirbelsäule, wie wir es sonst nur vom Beckengürtel kennen.

Bei den Flugsäugern (Abb. 29) ist der Brustkorb besonders an
seinem Vorderende versteift, bei verschiedenen Arten in verschie-

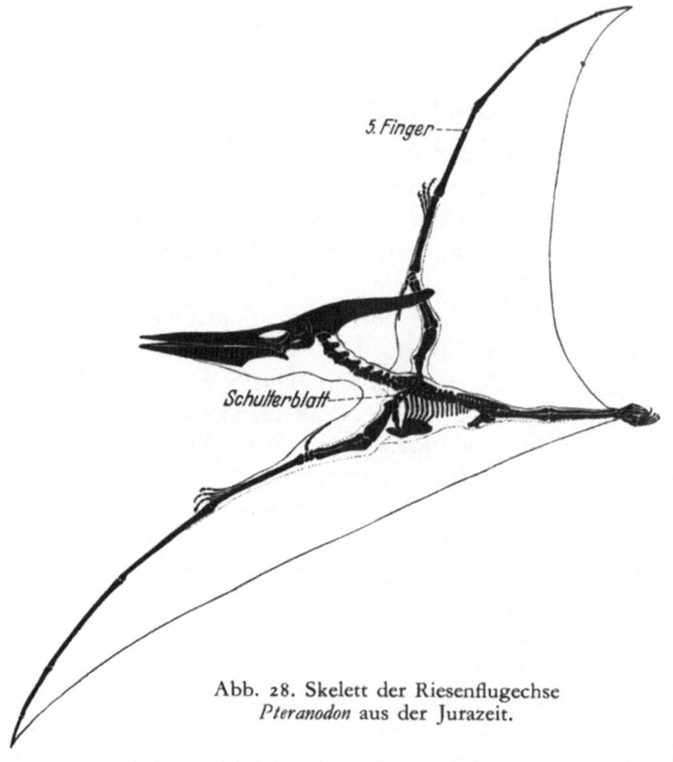

Abb. 28. Skelett der Riesenflugechse
Pteranodon aus der Jurazeit.

denem Ausmaß. Dabei können sogar der letzte Hals- und die
ersten beiden Brustwirbel miteinander und mit den ersten beiden
Rippen, diese wiederum mit dem Brustbein verschmelzen. So entsteht vorn am Brustkorb ein fester Knochenring, an den sich der
Schultergürtel legt. Diesem fehlt bei den Säugern — im Gegensatz zu Kriechtieren und Vögeln — das Rabenschnabelbein; es ist
zu einem kurzen Fortsatz am Schulterblatt rückgebildet. Dafür ist

bei den Fledermäusen das Schlüsselbein besonders kräftig und legt sich fest an Schulterblatt und Brustbein an.

Wie bei den Vögeln werden die Flügel vor allem durch Muskeln bewegt, die vorn an der Brust liegen. Für die Flugechsen dürfen wir das aus einer gewissen Verbreiterung des Brustbeines schließen.

Abb. 29. Skelett eines fliegenden Hundes; Brustbein mit Kamm.

Bei den Fledermäusen leistet der große Brustmuskel die Hauptflugarbeit: den Niederschlag. Er ist zwar nicht so außerordentlich entwickelt wie bei den Vögeln, aber immerhin drei- bis viermal so stark wie bei den nichtfliegenden Säugern. Die Fledermäuse und Flughunde haben zur Vergrößerung der Muskelansatzfläche ein verbreitertes Brustbein, das sogar mit einem mehr oder weniger hohen Brustbeinkamm versehen ist; dieser erreicht freilich niemals die Ausmaße wie bei den Vögeln (Abb. 29).

Die Flughaut wird gestützt durch außerordentlich verlängerte Teile des Arm- und Handskeletts. Bei den Flugechsen war es neben Unterarm und Hand vor allem der riesig verlängerte 5. Finger, der die Bugachse bildete (Abb. 28); die sonst noch vorhandenen Finger waren winzige, krallenbewehrte Gebilde. Anders die Flugsäuger (Abb. 29), bei denen der Flügelbug von dem stark verlängerten Ober- und Unterarm (Speiche) sowie vom 2. und 3. Finger gebildet wird, außerdem aber noch die ebenfalls stark verlängerten 4. und 5. Finger als Stützen der zarten Flughaut dienen. Der krallenbewehrte Daumen ist gut ausgebildet; er ist als Klammerorgan von Bedeutung. Hinterbeine und Schwanz sind weitgehend als Anhaftungspunkte der Flug- bzw. Steuerhaut mit herangezogen.

Die Faltung des aus harten, elastischen Federn bestehenden Vogelflügels wird durch die Verschiebung der fächerartig sich deckenden Schwingen gegeneinander ermöglicht. Die Flughaut der Fledermäuse ist ein äußerst zartes Gebilde, bei dem die Faltung keine Schwierigkeiten macht. Aber sie ist empfindlich und bedarf des Schutzes. Damit hängt sicherlich die eigentümliche Ruhelage der Flattertiere zusammen, die sich kopfunter an den scharfen Krallen der Hinterbeine aufhängen (Abb. 30) und nur zum Klettern die Daumenkrallen zu Hilfe nehmen. In dieser Hängelage ist die Flughaut am besten geschützt.

Von manchen großen Flugechsen (*Pteranodon*) dürfen wir annehmen, daß sie weniger Ruder- als Segelflieger waren; vielleicht waren sie vor Millionen von Jahren die Stellvertreter der heutigen Albatrosse. Unter den Fledermäusen ist keine zu einem richtigen Segelflug fähig, höchstens zu einem Gleiten; sie sind zumeist zu klein und zu leicht, außerdem fehlt bei ihren abendlichen und nächtlichen Flügen die Thermik. Sie verfügen aber über eine ausgezeichnete Wendigkeit, die ihnen den Insektenfang und das Ein- und Ausfliegen durch die Öffnungen ihrer Wohnhöhlen gestattet. Man kann freilich auch bei ihnen langsame und schnelle Flieger unterscheiden; die letzteren haben vergleichsweise lange und schmale Flügel, wie der Abendsegler (*Nyctalus noctula*), während etwa das Langohr (*Plecotes auritus*) bedeutend weniger elegant

fliegt. Durch Beringungsversuche wissen wir, daß auch manche
Fledermäuse im Herbst lange Reisen nach bestimmten Winter-
quartieren unternehmen und im Frühling zu den „Wochenstuben",
wo die Jungen geboren werden, zurückkehren. Diese Wander-
wege nehmen sich freilich gegenüber denen der Zugvögel recht
bescheiden aus, sind meist wenig länger als 100 km. Ein Abendsegler brachte es in einem Frühjahrsflug (von Dresden bis Litauen)
immerhin auf etwa 750 km.

Abb. 30. Große Hufeisennase fliegt ein Ziel an und hängt sich an den Hinterbeinen auf.

Sprichwörtlich ist seit den Versuchen von *Spallanzani* im 18. Jahr-
hundert die Geschicklichkeit der Fledermäuse, auch im Finstern
Hindernisse im Flug zu vermeiden. Bis vor kurzem führte man
dies auf einen äußerst feinen, durch Sinneshaare auf den Flughäuten vermittelten Ferntastsinn zurück. Aber schon *Spallanzani*
wußte, daß an dieser Leistung irgendwie das Ohr beteiligt sein
mußte. Heute ist aus zahlreichen Versuchen bekannt, daß es sich
hier um eine Echolot-Peilmethode unter Verwendung von für
unser Ohr nicht hörbarem Ultraschall handelt. Die Fledermäuse
erzeugen in ihrem Kehlkopf je nach Art 30000 bis über 100000
Schwingungen in der Sekunde und können sie auch mit der

Schnecke ihres inneren Ohrs wahrnehmen (der Mensch kann höchstens noch Töne mit etwa 20 000 Schwingungen hören). Indem sie
diesen Ultraschall aussenden und — eine erstaunliche Leistung —
das von den Gegenständen der Umwelt zurückkommende Echo
mit dem Ohr aufnehmen, tasten sie die Umgebung gleichsam ab
und können auch im Flug verblüffend genau den Standort kleiner
Gegenstände feststellen. Der Insektenfang ist natürlich von vornherein dadurch erleichtert, daß das fliegende Insekt selbst ein
Fluggeräusch macht, also gar nicht erst mit Ultraschall angepeilt

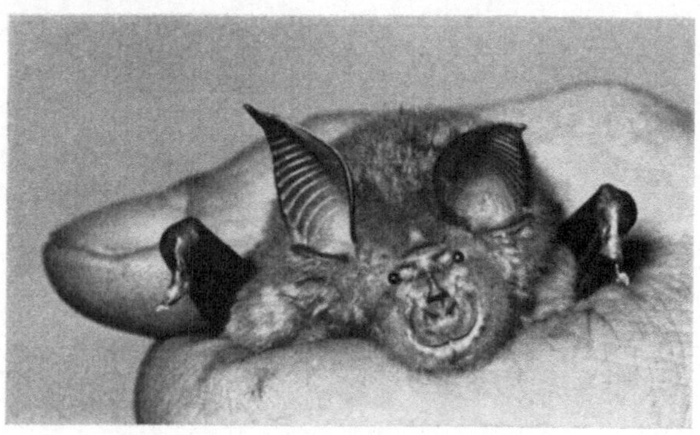

Abb. 31. Kopf der großen Hufeisennase.

werden muß. Wohl aber ist das bei „stummen" Hindernissen
notwendig. Viele Arten senden den Ultraschall durch das offene
Maul, die Hufeisennasen aber bei fast oder ganz geschlossenem
Maul ausschließlich durch die Nase. Dabei wird der Ultraschall-
strahl durch die muschelförmigen häutigen Nasenaufsätze (Abb. 31),
denen die Hufeisennasen ihren Namen verdanken, nach Art eines
Richtstrahlers in ganz bestimmte Richtungen gelenkt. Indem sie
den Kopf und oft auch den ganzen Körper nach den verschiedensten Richtungen drehen und wenden, können sie schon im Hängen
die Umgebung ringsum „abtasten". Freilich, sehr weit reicht diese
Peilung nicht, bei den Fledermäusen ohne Nasenaufsatz kaum
über einen Meter hinaus, bei den Hufeisennasen als Peilspezialisten
immerhin etwa 6 m weit. Phantastisch genug aber ist die Leistung
des Gehirns dieser Tiere, das aus den winzigen Zeitunterschieden
zwischen Schallsendung und Aufnahme des Echos blitzschnell die

richtigen Werte „errechnet" und an die Flugmuskeln die Befehle gibt, die das Anrennen an ein Hindernis verhüten oder einen gezielten Anflug ermöglichen.

Bei Vögeln ist sicherlich das Auge das Hauptorientierungsorgan; Nachtflieger wie die Eulen können außerdem ausgezeichnet hören. Von einem Echoverfahren aber ist hier nichts bekannt.

Insekten

Heute übertreffen die Insekten an Formenfülle bei weitem alle übrigen Tierstämme zusammengenommen. Sie haben eine sehr lange Geschichte hinter sich, waren schon zur Steinkohlenzeit, vor etwa 250 Millionen Jahren vorhanden. Eine Formenfülle, die der heutigen ähnlich ist, finden wir freilich erst im Tertiär. Im Bernstein, dem erhärteten Harz tertiärer Nadelbäume, sind uns Hunderte von Arten in wunderbarer Klarheit erhalten geblieben.

Wiederum anders als bei den bisher besprochenen Fliegern sind bei den Insekten, bedingt durch den andern Körperbauplan, die Flugorgane gebaut. Die Flügel sitzen beim erwachsenen Insekt — den Jugendstadien, in manchen Fällen auch den Erwachsenen fehlen arbeitsfähige Flügel — am mittleren Körperabschnitt, der Brust. Sie sind seitliche Ausstülpungen der Haut. Diese ist bei den Insekten ausgezeichnet durch einen harten Chitinpanzer, der von den darunterliegenden lebenden Zellen abgeschieden wird. Als flächenhafte Hautausstülpungen bestehen die Flügel aus einer Doppellage dünnen Chitins. Sie sind besonders am Vorderrand versteift durch verdickte „Adern", deren Anordnung im einzelnen bei verschiedenen Arten äußerst verschieden und oft ein gutes Erkennungsmerkmal ist.

Der Insektenkörper ist gegliedert; er besteht aus einer Reihe hintereinanderliegender, mehr oder weniger gegeneinander verschiebbarer Körperringe (Segmente). Im Brustabschnitt sind stets 3 Segmente vorhanden. Mit dieser Gliederung hängt es zusammen, daß manche Körperanhänge in mehreren Paaren hintereinander vorkommen, so an der Brust 3 Beinpaare. Das Gleiche gilt für die Flügel. Gewisse sehr altertümliche Insekten der Steinkohlenzeit hatten tatsächlich 3 Flügelpaare, je eines an jedem Brustring (Abb. 32); das vordere war freilich klein und hat wohl niemals funktioniert. Vielleicht trugen ursprünglich auch die Hinterleibsringe ähnliche Anhänge (Abb. 32). Die Insekten von heute aber haben meist zwei Flügelpaare, je eines an den beiden hinteren Brust-

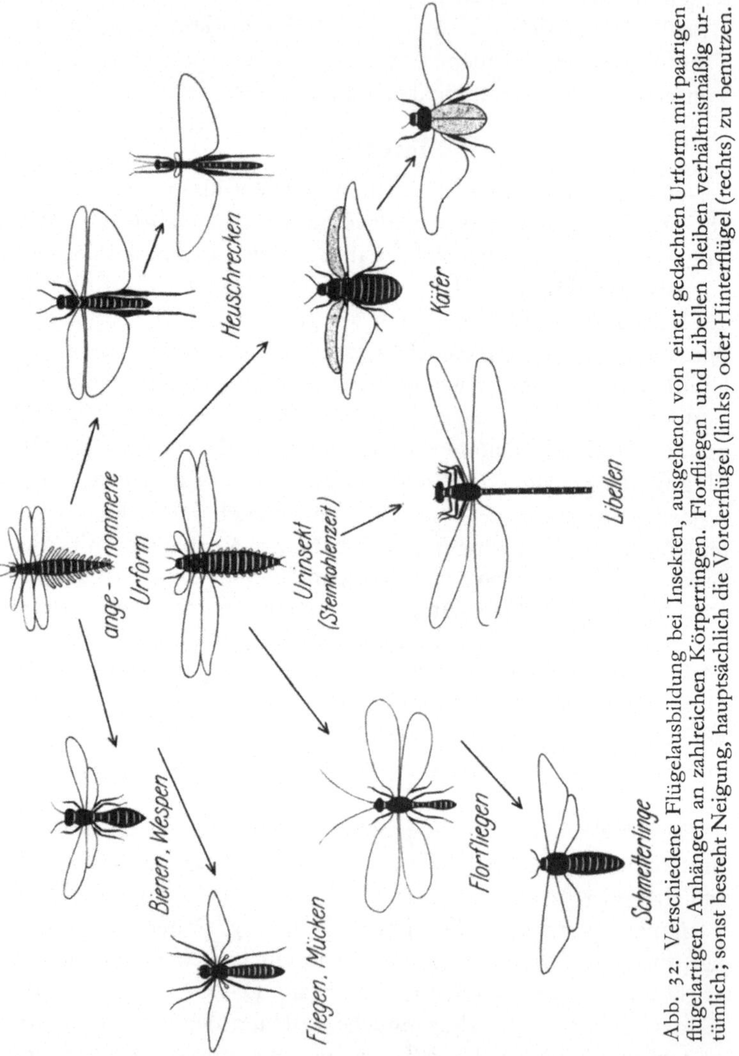

Abb. 32. Verschiedene Flügelausbildung bei Insekten, ausgehend von einer gedachten Urform mit paarigen flügelartigen Anhängen an zahlreichen Körperringen. Florfliegen und Libellen bleiben verhältnismäßig urtümlich; sonst besteht Neigung, hauptsächlich die Vorderflügel (links) oder Hinterflügel (rechts) zu benutzen.

ringen. Vier Flügel sind jedoch für das Fliegen offenbar eher hinderlich als fördernd. Jedenfalls besteht meistens deutlich die

Neigung, die Vierflügeligkeit funktionell oder wirklich in eine Zwei-
flügeligkeit umzuwandeln. Das geschieht auf zwei Hauptwegen, die
im Laufe der Stammesentwicklung von verschiedenen Gruppen unabhängig voneinander mehrere Male beschritten wurden (Abb. 32).

Oft wird das vordere Flügelpaar führend. Die Hinterflügel sind
dann nicht selten durch besondere Vorrichtungen mit den Vorder-
flügeln verankert. Bei Bienen und Wespen (Abb. 33) greift eine
Reihe feiner Häkchen hinter den umgebogenen Hinterrand des

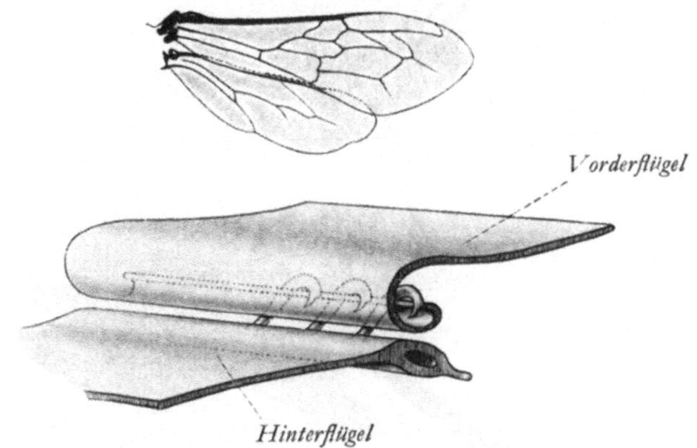

Abb. 33. Oben: rechte Flügel einer Biene, die Häkchen am Vorderrand des
Hinterflügels übertrieben groß gezeichnet. Unten: ein Stück der Bindevorrichtung vergrößert, von der Oberseite gesehen.

Vorderflügels. Blattwanzen (Abb. 34) haben ein druckknopf-
artiges Gebilde, das immer dann einschnappt, wenn die Flügel
zum Flug gelupft werden. Auch bei manchen Schmetterlingen,
vor allem bei Nachtfaltern, gibt es solche Haftapparate. Die Hinterflügel sind in solchen Fällen meist kleiner als die Vorderflügel.
Bei den „Zweiflüglern" schließlich, den Fliegen und Mücken,
sind von den Hinterflügeln nur noch winzige kolbenförmige Gebilde übrig geblieben, die sog. Schwingkölbchen (Abb. 35). Diese
sind allerdings keineswegs belanglos für den Flug, der nach ihrer
Entfernung meist nicht mehr normal ist. Sie werden in der Regel in
den gleichen raschen Schwingungen bewegt wie die Flügel, wirken
wahrscheinlich erregend auf die Tätigkeit gewisser Muskeln, vielleicht auch als Balancierorgane zur Erhaltung des Gleichgewichts.

In anderen Insektengruppen liegt die Hauptarbeitslast mehr auf den Hinterflügeln. Schon bei manchen niederen Insekten, wie den Heuschrecken, fällt auf, daß die Vorderflügel nicht nur verhältnismäßig schmal, sondern auch recht hart und dick sind (Abb. 36); sie bedecken in der Ruhe die längsgefalteten zarteren und breiteren Hinterflügel. Immerhin machen hier die Vorderflügel noch die Flugbewegung mit. Bei den Käfern aber haben

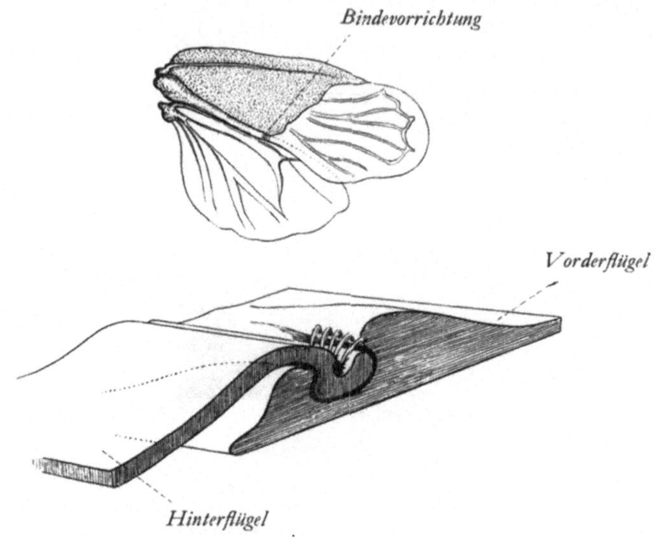

Abb. 34. Oben: die rechten Flügel einer Blattwanze; der Doppelstrich in der Mitte des Vorderflügelhinterrandes bezeichnet die Lage der Bindevorrichtung auf der Flügelunterseite. Unten: in der Mitte durchgeschnittene Bindevorrichtung, gesehen von der Flügelunterseite. Der wulstig verdickte Hinterflügelvorderrand ist eingekeilt zwischen zwei kurzen Wülsten auf der Vorderflügelunterseite und wird hier durch kurze starre Borsten festgehalten. Bei zusammengelegten Flügeln ist die Bindung gelöst.

die harten Vorderflügel ausschließlich die Aufgabe von „Flügeldecken", die im Flug meist zwar ausgebreitet, aber nicht mehr mitbewegt werden. Unter ihnen liegen in der Ruhelage zierlich gefaltet die dünnhäutigen Hinterflügel, die eigentlichen Flugflügel. Sie sind oft länger als die Flügeldecken; das gilt vor allem für die „Kurzflügler" unter den Käfern und übrigens auch für die in die Verwandtschaft der Heuschrecken gehörenden Ohrwürmer, bei denen die Deckflügel zu kleinen Schuppen verkürzt sind. Dann werden die Hinterflügel in der Ruhelage nicht nur der

Länge, sondern auch der Quere nach gefaltet. Das wird, wie man
beim Maikäferflügel sehr schön sehen kann (Abb. 37), ermöglicht
durch besondere Gelenke in den Längs-
adern. Die Entfaltung und Faltung der Flugflügel geschieht durch sinnreichen Bau dieser
Gelenke und Schub in Richtung der Längs-
adern selbsttätig beim Ausbreiten und Zurücklegen; man kann sich noch an einem
toten Maikäfer durch kräftiges Vorziehen
und Zurücklegen leicht vom Funktionieren
dieser Einrichtung überzeugen. Die bekannten goldgrün oder bronzefarben glänzenden
Rosenkäfer lassen die Flügeldecken auch
beim Fliegen in der Ruhelage; nur die Flugflügel werden herausgeklappt.

Abb. 35. Rechte Flügel
einer Schnake; Hinter-
flügel = Schwing-
kölbchen.

Die Flügel selbst sind frei von Muskeln.
Die Flugmuskeln liegen vielmehr alle im
Innern der Brust, an die die Flügel mit
einem sehr verwickelt gebauten Gelenk ansetzen. Merkwürdig ist die Übertragung
der Muskeltätigkeit auf die Flügel. Ansatzpunkt für alle Muskeln ist bei Insekten der Chitinpanzer, der alle weichen Organe

Abb. 36. Rechte Flügel einer Feldheuschrecke.

schützend umhüllt. Gewisse Muskeln treten vom Brustinnern her unmittelbar an die Flügelwurzel heran (direkte Flugmuskeln); sie sind vor allem für das Vorbringen und Zurücklegen der Flügel wichtig, auch für das Steuern durch Verstellen der Skelettstücke am Flügelgelenk. Der Auf- und Niederschlag aber, die Hauptflugbewegung, kommt in der Regel durch mächtige Muskeln zustande, die gar nicht unmittelbar am Flügelgelenk angreifen; sie bewegen nur bestimmte Teile des Brustpanzers gegeneinander, wodurch die Flügel passiv mitgenommen werden. Wenn man die Brust einer Biene oder einer Fliege mit einer Rasierklinge in eine linke und rechte Hälfte spaltet, sieht man diese starken „indirekten Flugmuskeln" sehr deutlich (Abb. 38). Durch die Verkürzung der rückenseits gelegenen Längsmuskelbündel wird der Rückenteil der Brust stärker gewölbt (Abb. 39). Wie bei dem gebogenen Kartenblatt der Abb. 40 wird der Seitenrand des Rückenschildes gehoben; er nimmt die Flügelwurzel mit: der Flügel wird gesenkt. Andere mehr seitlich gelegene Muskel-

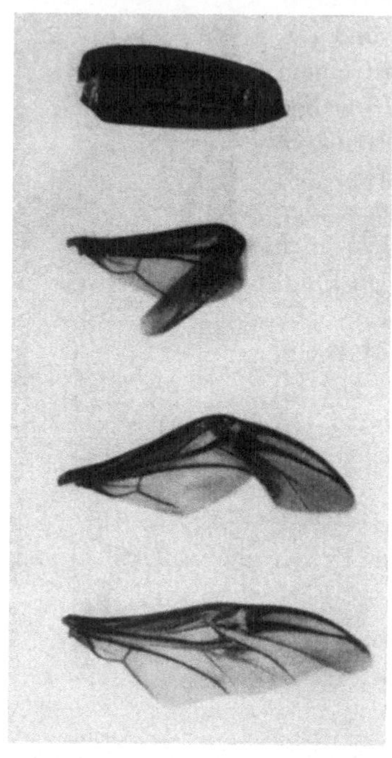

Abb. 37. Maikäferflügel. Oben eine Flügeldecke, darunter der Flugflügel in drei Stadien der Entfaltung.

bündel ziehen vom Bauchschild zum Rückenschild der Brust. Sie wirken bei der Verkürzung im Gegensinne: Abflachung des Rückenschildes, Senkung der Flügelwurzel, dadurch Hebung der Flügelfläche. Die große Flugkunst vieler Insekten zeigt, wie vortrefflich die Zusammenarbeit direkter und indirekter Flugmuskeln klappt.

Grundsätzlich entstehen beim Insektenflug die tragenden und vorwärtstreibenden Luftkräfte auf die gleiche Weise wie beim Vogelflug: wechselnde Anstellwinkel des an der Vorderkante

60

versteiften Flügels, starke Drehung um die Flügellängsachse verbunden mit Verwindung des körperfernen gegen den körpernahen Flügelteil. Auf Stromlinienform ist der Insektenkörper in der Regel nicht durchkonstruiert; wir finden sie nur bei wenigen Schnellflugspezialisten, so bei den Schwärmern unter den Schmet-

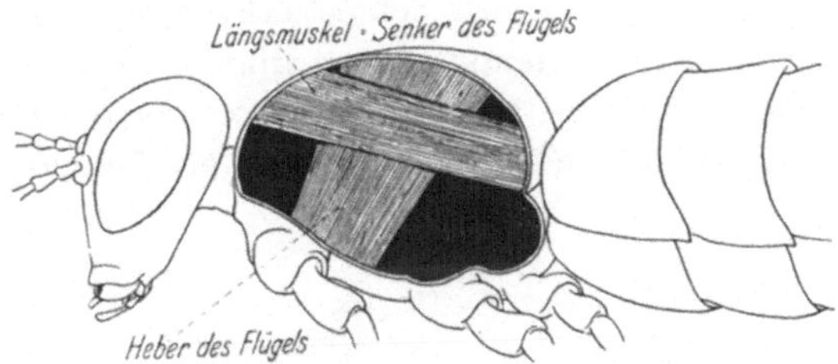

Abb. 38. Blick in die aufgeschnittene Brust eines Insekts mit den indirekten Flugmuskeln der rechten Seite.

terlingen. Im allgemeinen ist die Fluggeschwindigkeit im Vergleich zu den Vögeln klein. Die geringe Größe, das geringe Gewicht und das langsame Vorankommen aber verlangen einen

schnellen Flügelschlag, genau wie bei den kleineren Vögeln. Am langsamsten sind in dieser Hinsicht viele Tagfalter mit breitflächigen Flügeln (etwa 10 Schläge in der Sek.); der Hirschkäfer macht schon über 30, das Marienkäferchen 90, die Biene etwa 200, die Stechmücke sogar an 300 Schläge in der Sekunde. Am besten kann man ein fliegendes Insekt mit einem Propellerflugzeug vergleichen, bei dem die Vollumdrehung durch ein schnelles Hin- und Herschwingen der Flügel

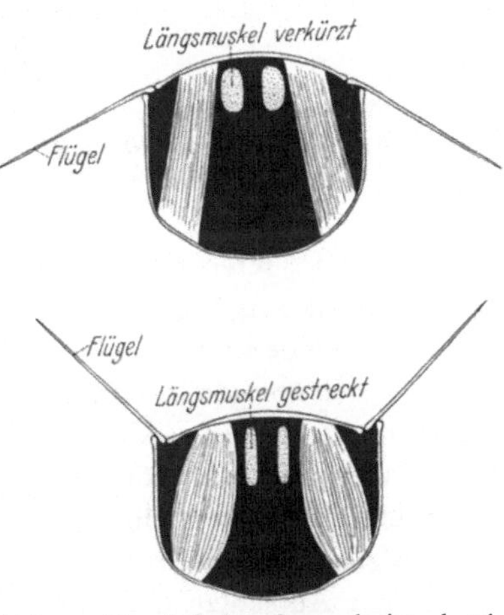

Abb. 39. Vereinfachte Querschnitte durch die Brust eines Insekts, die Wirkung der indirekten Flugmuskeln zeigend.

ersetzt ist. Die außerordentlich starke und rasche Verstellbarkeit der Schwingebene und die damit verbundene hohe Steuerfähigkeit können wir immer wieder bewundern, schon am Tanz der Stubenfliegen, besser noch im Freien an den bunten, wespenartig gezeichneten Schwebfliegen: bald stehen sie still in der Luft, — daher ihr Name —, bald wechseln sie blitzschnell in jeder denkbaren Richtung den „Stand"-Ort. Das Taubenschwänzchen, einer unserer häufigsten Schwärmer-Schmetterlinge, eilt im Sommer rasenden Fluges am Gartenphlox von Blüte zu Blüte, mit dem langen Rüssel den Nektar saugend, indem es vor der Blüte nach Kolibriart „rüttelnd" steht. Im Gegensatz zu diesen Künstlern

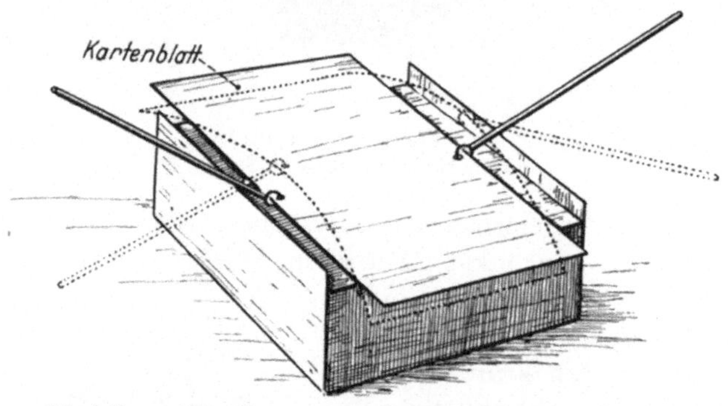

Abb. 40. Modell zur Flügelbewegung eines Insekts. Bei der Wölbung des Kartenblattes (= Rückenschild der Brust) über dem Kasten (= Brust) werden die Stäbchen (= Flügel) nach unten bewegt.

sind andere Insekten recht unbeholfene Flieger, so die Eintagsfliegen und die meisten Heuschrecken und Käfer.

Eines besonderen Hinweises bedürfen noch die Libellen wegen ihrer von den übrigen Insekten abweichenden geradezu einmaligen Flugtechnik. Libellen (Abb. 32) haben große glitzernde Flügel; die Vorder- und Hinterflügel sind fast gleich groß und niemals durch eine Bindevorrichtung aneinandergeheftet. Sie schlagen zwar im gleichen Rhythmus, aber, wenigstens in der Regel, gegensinnig: der Aufschlag der Vorderflügel fällt zusammen mit dem Abschlag der Hinterflügel. Dies Verfahren ist deshalb vorteilhaft, weil sich jederzeit ein Flügelpaar in der für den Vortrieb so wichtigen Phase des Abschlags befindet. Nachteilig ist, daß die Hauptlast abwechselnd auf dem vorderen und hinteren Flügelpaar ruht; ein abwechselndes Vorn- und Hintenüberkippen könnte die Folge sein. Das ist insbesondere bei den zarten Wasserjungfern verhindert durch den auffallend langen und dünnen Hinterleib, der wie ein ausgleichender Hebelarm wirkt.

Stärkeren Luftbewegungen sind kleine und langsamfliegende Insekten hilflos ausgeliefert, ie werden zuweilen weit verschleppt; viele sind bei stärkerem Wind überhaupt kaum zum Fliegen zu bewegen. Ausnutzen von Aufwind spielt nur selten eine Rolle, so bei manchen Mücken, die gern in den schwachen Aufwinden an Teich- und Bachrändern ihre Schwarmtänze vollführen, nicht selten auch dem Wanderer folgen, immer im Lee des Kopfes. Zu langen Wanderungen sind Insekten im Allgemeinen nicht befähigt. Aber es gibt Ausnahmen. Die zuweilen über Hunderte von Kilometern gehenden Flüge der Wanderheuschrecken sind allgemein bekannt. In unserer engeren Heimat gehört zum Beispiel der Distelfalter zu den Langstreckenfliegern; er kommt Jahr für Jahr aus den Mittelmeerländern zu uns.

Fliegen ist immer ein recht anstrengendes Stück Arbeit. Es setzt einen regen Stoffwechsel und ausreichende Betriebsstoffreserven voraus. Die gleichmäßig hohe Körpertemperatur bei Vögeln und Säugern war für die Entwicklung des Flugvermögens sicherlich nicht ohne Bedeutung. Insekten sind wechselwarme Tiere, sind mit der Körpertemperatur der Umwelt ausgeliefert. Die Muskelarbeit beim Fliegen hat indessen einen Anstieg der Körpertemperatur zur Folge. Dieser ist häufig sogar die Voraussetzung für die Flugarbeit. Daher sieht man oft als Vorbereitung zum Fliegen zitternde Bewegungen als Zeichen kräftiger Muskeltätigkeit, durch die der Körper auf über 30^0 angeheizt wird. Durch ein feinverzweigtes System von Atemröhren (Tracheen) wird der so nötige Sauerstoff auf vorteilhafte Weise unmittelbar an die arbeitenden Muskeln herangeführt. Hauptbetriebsstoff ist die im Körper gespeicherte „tierische Stärke", das Glykogen, das aus dem mit der Nahrung aufgenommenen Zucker (oder aus Stärke) gewonnen wird. Die Bedeutung des Nahrungszuckers für das Flugvermögen ließ sich sehr klar bei der Honigbiene aufzeigen. Eine zum Nektar- oder Pollensammeln ausfliegende Biene verbraucht in 15 Flugminuten etwa 2,6 Milligramm Zucker. Den Betriebsstoff für den oft über einige Kilometer gehenden Sammelflug nimmt sie in ihrem Honigmagen und Darm von vornherein mit, um so mehr, je weiter die Trachtquelle vom Stock entfernt ist. Sie „weiß" um den Abstand des Zieles und „tankt" dementsprechend vor Antritt der Reise; das ist gewiß eine wunderbare Leistung.

Die Schwimmer

In unsern Teichen und Seen sind fast stets die Flohkrebse (Abb. 41) in großen Scharen zu finden, den Aquarianern wohlbekannt als Futter für ihre Lieblinge. Sie haben ihren Namen von der hüpfenden Bewegung, die durch den Schlag der zweiästigen, mit zahlreichen feinen Härchen besetzten beiden Ruderfühler zustande kommt. Jeder Niederschlag drückt den Körper aufwärts, je nach der Schlagrichtung gerade nach oben oder mehr schief- aufwärts nach vorn oder hinten. Aber nach jedem Ruderschlag sinkt der schwere Körper wieder etwas ab. So liegt es ganz an der Schnelligkeit und dem Ausmaß der Ruderschläge, ob das Tierchen gerade nur das Absinken verhindert oder auch nach vorn und oben Raum gewinnt. Auf jeden Fall aber kann es sich nur durch ständiges Rudern im freien Wasserraum halten; Aussetzen bedeutet Absinken. Manche Arten, die sich in Ufernähe zwischen üppigem Pflanzenwuchs herumtreiben, legen sich, vielleicht zum Ausruhen, nicht selten auf den Grund oder auf ein Pflanzenblatt. Andere Arten aber sind in den größeren Seen ständige Bewohner des freien Wassers; manche von ihnen zeichnen sich gegenüber den plumperen Uferformen durch eine besonders schnittige Gestalt aus (Abb. 42): ihr Körper ist seitlich zusammengedrückt, langgestreckt mit schräg gelagerter Längsachse, die Schlagrichtung

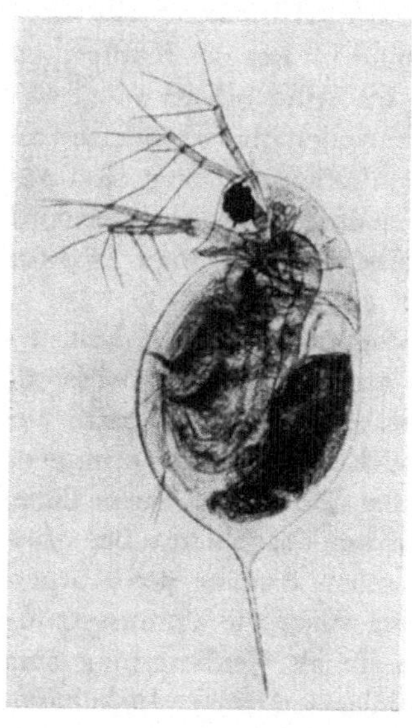

Abb. 41. Der Flohkrebs (*Daphnia*) schwimmt durch den Schlag seiner Ruderfühler hüpfend durch das Wasser.

64

so, daß sie in eleganten Sätzen schief nach vorn-oben dahin-
schießen. Auch das spezifische Gewicht dieser Freiwasserbewoh-
ner ist, aus bisher unbekannten Gründen, geringer als das ihrer
uferbewohnenden Verwandten, bleibt aber immer noch höher als
das des Wassers. Auch sie müssen um ihr Leben schwimmen. Das
gilt für alle Süß- und Meerwasserbewohner, soweit sie sich nicht
einfach von Strömungen treiben lassen, oder soweit sie nicht
nach dem Ballonprinzip, also durch Einlagern
leichterer Stoffe die Fähigkeit zum echten
„Schweben" bekommen.

Im Wasser ist wegen des geringeren Über-
gewichtes weniger Arbeit gegen das Absinken
zu leisten als in der Luft; dabei sind die Bedingungen im vergleichsweise schweren Meerwasser wieder etwas günstiger als im Süßwasser. Der Vorteil des
geringeren Übergewichts
bei den Schwimmern
wird allerdings zum Teil
wieder aufgehoben durch
den stärkeren Wider-
stand, den das zähere
Wasser der Bewegung
entgegensetzt. Es müs-
sen schon besondere An-
passungen in Körper-
form und Muskulatur
und in der Bewegungs-

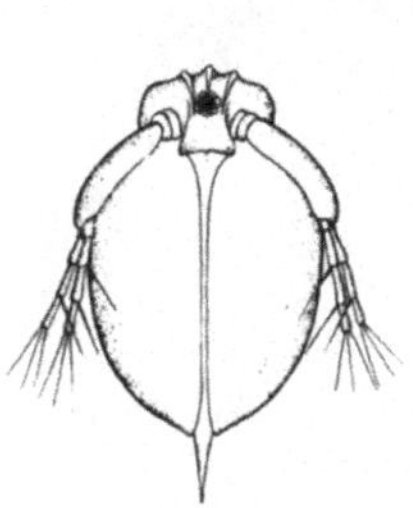
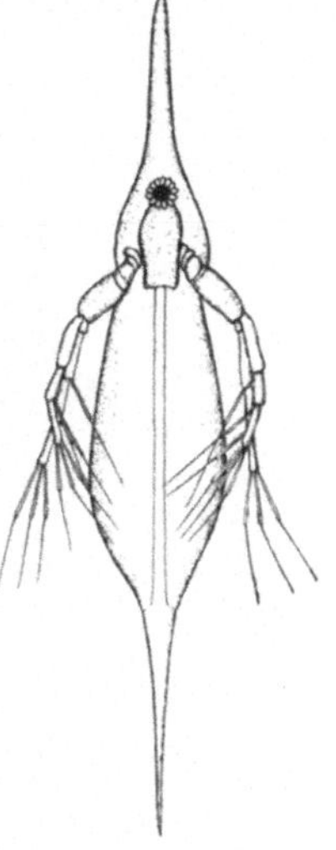

Abb. 42. Links ein plump gebauter Flohkrebs
aus dem Uferbereich eines Sees, rechts eine
schlanke Schwimmerform aus der Mitte des
Sees.

weise der Schwimmorgane gegeben sein, um ein dem Schnellflug
vergleichbares Schnellschwimmen zu ermöglichen. Die Eigenart
der Bewegung im Wasser hat aber bei den Schwimmern zu einer
Vielzahl solcher Anpassungen geführt; einige von ihnen sollen
uns etwas näher beschäftigen.

Weit verbreitet sind

Ruderbewegungen.

zu denen auch die der Wasserflöhe gehört. Die Ruderorgane, die
das Tier vorantreiben, sind, entsprechend den im Bauplan vor-
gesehenen Möglichkeiten, sehr verschiedenartig. Gewöhnlich

handelt es sich um in besonderer Weise ausgebildete Extremitäten. Häufig arbeiten sie, im Gegensatz zu den Flugorganen, unter Ausnutzung des Widerstandes, das heißt: Ruderschlag mit breiter Fläche gegen das Wasser. Dann muß, um den Ruderschlag nicht unwirksam zu machen, der Widerstand beim Vorbringen in die Ausgangsstellung geringer sein als beim Rückschlag. Bei der Ruderantenne der Flohkrebse geschieht das dadurch, daß sich beim Aufschlag (Vorbringen) die Äste und die Haare an ihnen, dem Wasserwiderstand nachgebend, zusammenlegen, während sich beim Niederschlag alle Teile automatisch weit voneinander spreizen; sie sind in dieser Stellung arretiert durch die besondere Form ihrer Gelenke.

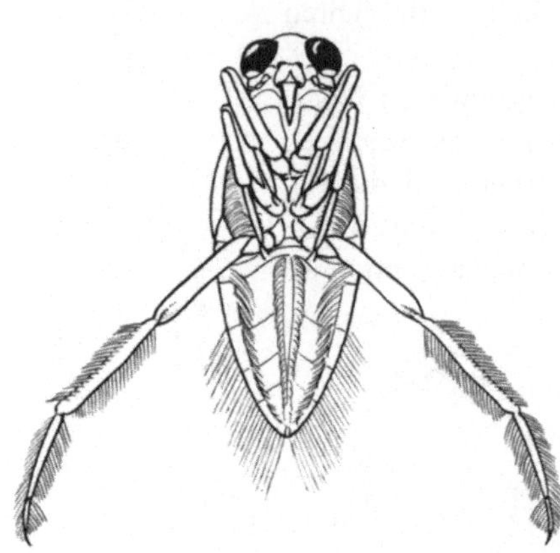

Abb. 43. Ein Rückenschwimmer (Wasserwanze) von unten, mit mächtigen, zweizeilig mit beweglichen Haaren besetzten Schwimmbeinen.

Nach dem gleichen Prinzip arbeiten die Ruderorgane wohl aller im Wasser lebenden „Gliederfüßler", zu denen außer den Krebsen einige Spinnen und zahlreiche Insekten gehören. Bei den Hüpferlingen (Copepoden), Verwandten der Flohkrebse, liegen die Ruderbeine in mehreren Paaren an der Unterseite der Brust, werden beim Rudern in blitzschneller Bewegung nach hinten geschlagen.

Sehr schön kann man die so zweckmäßige Handhabung und Ausbildung von Ruderbeinen bei manchen Wasserinsekten beobachten. Viele von ihnen gehören zwar nicht zu den „Schwimmern" in dem bisher gemeinten Sinne, da sie häufig sogar etwas leichter sind als das Wasser. Das hängt mit dem Luftvorrat zusammen, den sie als Luftatmer von der Oberfläche mit in die Tiefe nehmen. Bei den Schwimmformen unter den Wasserinsekten, zu denen vor allem Käfer und Wasserwanzen gehören, ist meistens das hintere der drei Beinpaare zu Ruderbeinen umgebildet, unter Beibehaltung des bei allen Insekten gleichen Bauplanes der Beine.

In Teichen und Seen leben mehrere räuberische Wasserwanzen-
arten. Zu ihnen gehört auch der Rückenschwimmer (Abb. 43),
dessen absonderliche Schwimmlage — Rücken nach unten —
durch die Verteilung des Luftvorrats am Körper bedingt ist.
Mit den Hinterbeinen kann er schnell und geschickt schwimmen.
Wesentlich für die kräftige Ruderwirkung sind außer der starken
Muskulatur: die beträchtliche Beinlänge und ein zweizeiliger
Besatz von langen Haaren an den letzten Beingliedern. Diese
Haare werden beim Ruderschlag
des gestreckten Beins durch den
Wasserdruck von selbst gespreizt,
so daß die wirksame Ruderfläche
erheblich vergrößert wird. Beim
Vorschlag ist, bei angelegten Haaren,
das Bein gekrümmt, der Widerstand
daher vergleichsweise gering. Einer
unserer größten Wasserkäfer, der
Gelbrand, (Abb. 75, S. 102) macht es
ganz ähnlich; doch sind hier an der
Bildung der Ruderfläche abgeflachte
Teile des Beins selber wesentlich beteiligt. Das Bein wird so geführt, daß
es beim Ruderschlag mit der Fläche,
beim Vorschlag mit der schmalen
Kante gegen das Wasser steht.

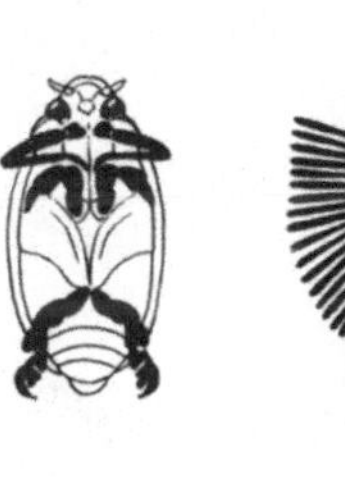

Abb. 44. Links: Taumelkäfer,
von unten; von den drei Bein-
paaren (schwarz) sind die beiden
hinteren Paare als Schwimmbeine ausgestaltet. Rechts:
einzelnes Schwimmbein stark
vergrößert, die verbreiterten
Beinteile mit verbreiterten
Haaren (schwarz) besetzt.

Von wunderbarer Vollendung sind die Ruderbeine bei den bekannten kleinen Taumelkäfern (Abb. 44). Man sieht die glänzend
schwarzen etwa $^3/_4$ cm langen Tierchen bei schönem Wetter gern
auf der Wasseroberfläche ihre Kreise ziehen, — sonst bleiben sie
unter Wasser —, getrieben durch den rasenden Schlag der beiden
hinteren Beinpaare. Diese sind zwar sehr kurz, überragen kaum
den seitlichen Körperrand. Sie sind aber vollendete Flachruder
durch Verbreiterung aller Beinabschnitte. Überdies ist der Rand des
Ruders besetzt mit ebenfalls brettartig flachen, durch den Wasserdruck an- und abspreizbaren Härchen. Beim Vorschlag ist das
Ganze fächerartig zusammengeklappt, beim Rückschlag aber wird
durch entsprechende Drehung die Fläche gegen das Wasser ge-
stemmt.

Die meisten Wassertiere, soweit sie schwerer sind als Wasser
und sich rudernd fortbewegen, kommen über eine Größe von
einigen Millimetern nicht hinaus. Das dürfte mit der vergleichsweise geringen Leistungsfähigkeit der Ruderorgane zusammen-
hängen, die einen großen und schweren Körper nur für eine kurze
Zeit vor dem Absinken bewahren können. Wenn Frösche, ferner
manche Vögel (Pinguine, Taucher) und große Schildkröten sich
geschickt und schnell mit ihren vortrefflichen Ruderextremitäten
unter Wasser bewegen, so ist zu bedenken, daß diese Tiere durch

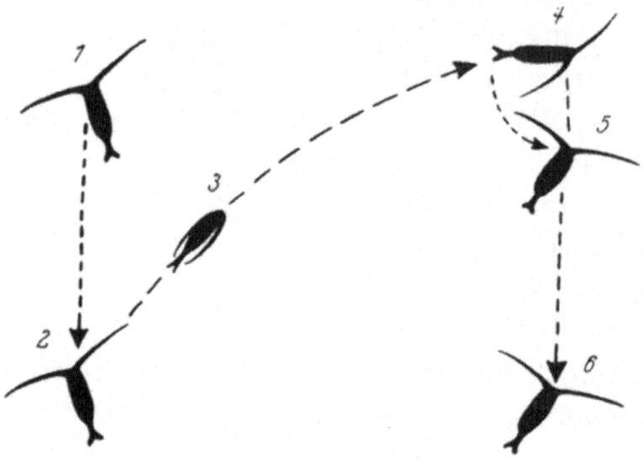

Abb. 45. Der Hüpferling *Diaptomus* sinkt, den Bauch schief aufwärts gewandt,
mit abgespreizten ersten Fühlern langsam von 1 nach 2, springt mit angelegten
Fühlern (3) im Bogen aufwärts, spreizt die Fühler (4), dreht sich in die Schieflage (5) wie bei 1 und sinkt erneut ab (6). Es folgt der nächste Sprung.

die gasgefüllten Lungen ihr Übergewicht weitgehend kompen-
sieren können, also eher zu der Tiergruppe gehören, die wir als
„Schweber" bezeichnen. Fällt diese Hilfe fort, so ist Kleinheit des
Körpers geradezu Voraussetzung dafür, daß die Aufgabe, das
Absinken zu verhindern, überhaupt gelöst werden kann.

Indessen Kleinheit genügt nicht. Viele Hüpferlinge halten sich
dauernd in Bodennähe auf. Andere aber bleiben ständig im freien
Wasserraum. Sie sind nicht selten ausgestattet mit mehr oder
weniger bizarren Körperanhängen, die die Sinkgeschwindigkeit
herabsetzen müssen. Ein häufiger Süßwasser-Hüpferling ist *Dia-*
ptomus (Abb. 45); sein erstes Fühlerpaar ist sehr lang, es klappt beim
Ruderschlag der Schwimmbeine nach hinten, wird aber in den
Ruderpausen weit nach der Seite gestreckt, so nach Art eines

primitiven Fallschirms das Absinken verlangsamend. Bei kleinen Wassertieren mit Ruderorganen, insbesondere bei kleinen Kreb-sen, treten zuweilen ganz phantastische Körperformen auf (Abb. 46) mit den merkwürdigsten Anhängen, die in ihrer Gesamtheit fall-schirmartig wirken. Man pflegt dann von „Schwebefortsätzen" zu sprechen, ein Ausdruck, der eigentlich nicht richtig ist. Denn

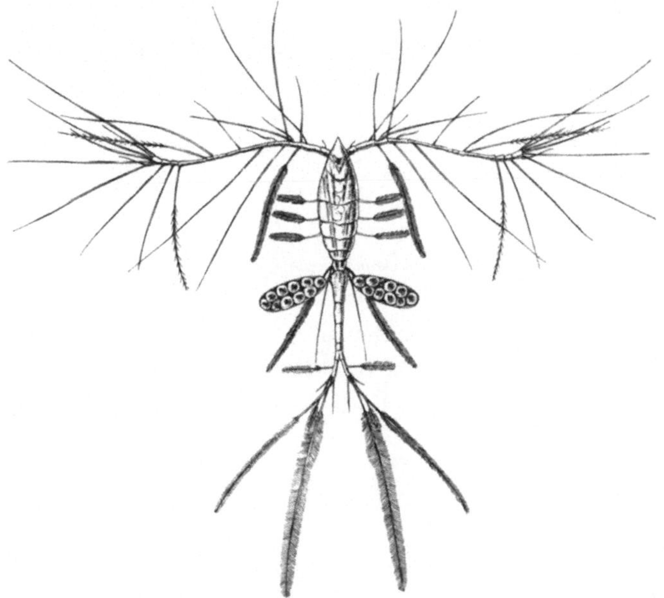

Abb. 46. Der Hüpferling *Oithona plumifera* aus dem Mittelmeer, mit absonder-lichen Körperanhängen zum Verlangsamen des Absinkens.

solche Gebilde können zwar das Absinken verlangsamen, aber niemals ein echtes „Schweben" ermöglichen.

Allerdings darf man nicht jede auffallende Abweichung von einer geschlossenen Körperform bei kleinen Wassertieren un-besehen als „Schwebeanpassung" auffassen. Man muß vielmehr jeden Fall einzeln untersuchen. Sehr schön ist das Fallschirm-prinzip zum Beispiel bei der kleinen flachen Larve des Krebses *Munida bamffica* verwirklicht (Abb. 47): sie nimmt beim passiven Absinken eine horizontale Lage ein (Fallverzögerung), stellt da-gegen beim aktiven Schwimmen die Körperlängsachse in die

jeweilige Schwimmrichtung. Andere Arten indessen können sich
ganz anders verhalten. Die Larven kurzschwänziger Krebse
(Abb. 48) tragen lange Stacheln am Kopfbruststück, die auf den

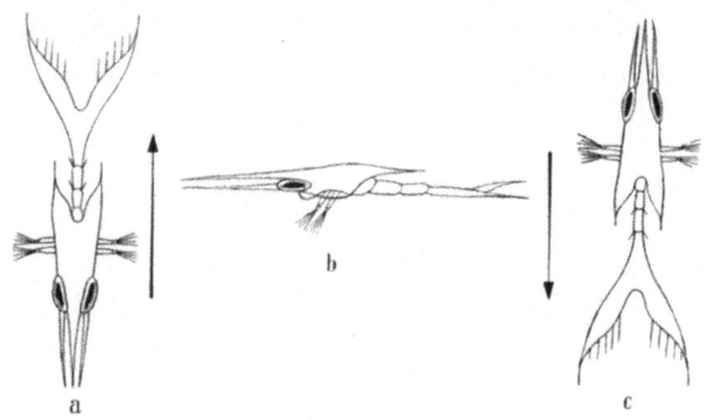

Abb. 47. Larve des Krebses *Munida bamffica*, a) aufwärts, c) abwärts
schwimmend, b) Ruhelage beim langsamen Absinken.

ersten Blick „Schwebefortsätze" zu sein scheinen. Aber die Lage
der Tiere ist meist so, daß die Stachelstange senkrecht steht, beim
aktiven Schwimmen wie beim passiven Absinken. Es bleibt Auf-

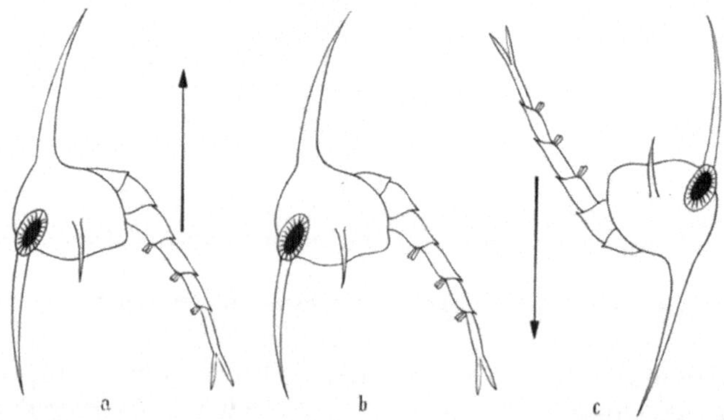

Abb. 48. Larve eines kurzschwänzigen Krebses, a) aufwärts, b) abwärts
schwimmend, c) absinkend nach dem Aufwärtsschwimmen.

gabe der Forschung, die Bedeutung dieser Stacheln zu ergründen.
Der Krebs *Bytotrephes longimanus* (Abb. 49), ein Bewohner unserer
größeren Süßwasserseen, trägt am Hinterende einen langen Dorn
(Gesamtlänge des Tieres 4—5 mm); er ist ein Steuerorgan, das

nach verschiedenen Seiten geschwenkt werden kann und so die Bewegungsrichtung mit bestimmt. Ähnlich ist es mit dem rüssel-

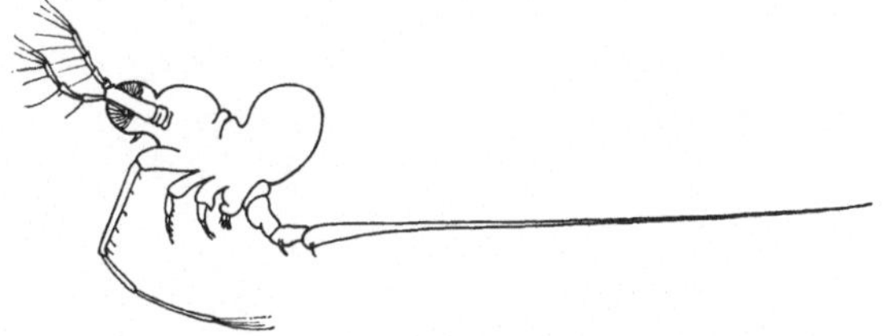

Abb. 49. Der Süßwasserkrebs *Bythotrephes longimanus*; der lange Schwanzstachel dient als Steuer.

artigen Fortsatz des in unseren Süßwässern nicht seltenen Floh-krebses *Bosmina coregoni* (Abb. 50). Der Rüssel besteht aus dem verlängerten starren Paar der ersten Fühler; zum Rudern dient das schwirrend schlagende zweite Füh-lerpaar. Der Ruderschlag geht bauchwärts; das hat zur Folge, daß bei jedem Schlag der Kopfteil etwas gehoben wird. Dabei verhindert der lange Rüssel ein Rollen über den Rücken; schneidet man ihn ab, so überschlägt sich das Tier nach hinten.

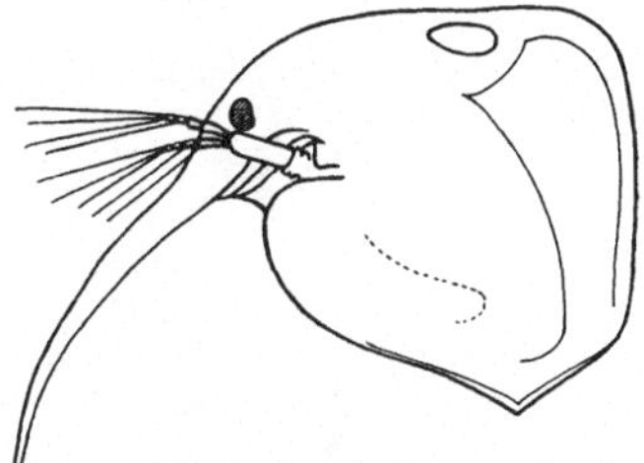

Abb. 50. Der Süßwasserkrebs *Bosmina coregoni*; der lange Rüssel dient als Steuer.

Solche Beobachtungen zeigen, wie vorsichtig man in der Beur-teilung von Körperfortsätzen als „Schwebeorgan" sein muß und wie unangebracht vorzeitige Verallgemeinerungen sind.

Wimpern und Geißeln

Zahlreiche kleine Wassertiere sind statt mit wenigen großen mit vielen kleinen Rudern ausgestattet: mit Cilien oder Wimpern, winzigen haarförmigen protoplasmatischen Fortsätzen der Kör-peroberfläche. Am bekanntesten ist das bei den Wimpertierchen (Ciliaten) unter den Einzellern (Abb. 51), die sich in Süß- und Seewasser in zahlreichen Arten tummeln. Bei manchen ist die ganze Oberfläche mit Wimpern besetzt (z. B. Pantoffeltierchen); bei anderen tragen bestimmte Bezirke besonders starke, oft zu blättchenartigen Gebilden verklebte Wimpern (Wimperspirale um den Mundbereich des Trompetentierchens, Abb. 51); bei noch anderen bleiben weite Teile der Oberfläche überhaupt wimperfrei.

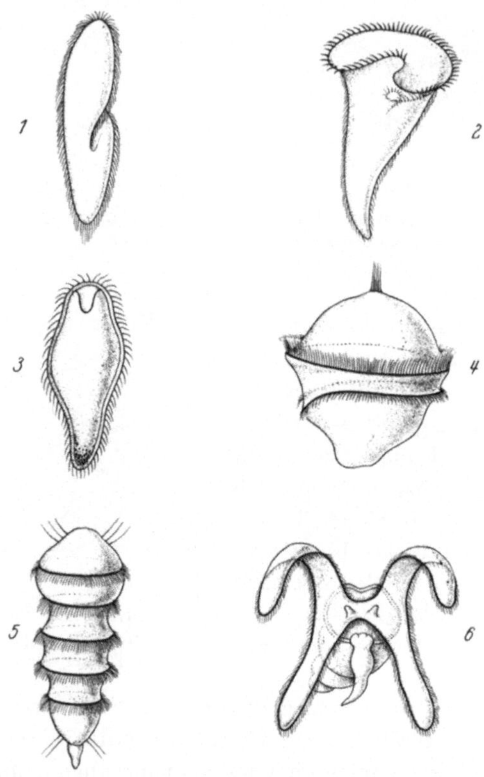

Abb. 51. Einige Kleintierformen, die durch Wimperschlag schwimmen. 1. Pantoffeltierchen, einzellig, an der ganzen Oberfläche gleichartig bewimpert. 2. Trompetentierchen, einzellig, feine Wimpern am ganzen Körper, stärkere Wimperspirale um das Mundfeld herum. 3. — 6. Mehrzellige Tiere. 3. Larve einer Staatsqualle (*Stephanomia*), gleichmäßig bewimpert. 4. Trochophora-Larve eines marinen Gliederwurmes mit zwei Wimperkränzen. 5. Larve eines anderen Gliederwurmes mit mehreren Wimperkränzen. 6. Larve einer Meeresschnecke, Wimperbänder ziehen über die Körperfortsätze hin.

Auch unter den mehrzelligen Wasserbewohnern ist Fortbewegung mit Wimpern nicht selten; aber sie ist beschränkt auf kleine Tiere und besonders bezeichnend für Jugendstadien, etwa von Hohltieren, Würmern, Weichtieren, Stachelhäutern (Abb. 51),

die sich als Erwachsene am Boden aufhalten. Die beweglichen
Larvenformen sorgen für die Ausbreitung der Art. Oft stehen bei
ihnen die Wimperhärchen auf Bändern mit zuweilen sehr ver-
schlungenem Verlauf. Bei den Larven mancher Meeresschnecken
(Abb. 51) und Stachelhäuter ziehen die Wimperbänder über
Körperfortsätze hin; dadurch wird eine Vergrößerung der Ruder-
fläche, zugleich eine die Sinkgeschwindigkeit herabsetzende bizarre
Form erzielt.

Wie kommt der Wimperschlag zustande? Wir berühren damit
eine sehr schwierige Frage. Eine Wimper ist ein kleiner Proto-
plasmafaden. Im Innern liegen einige steife Fäserchen; sie sind
umgeben von flüssigerem Protoplasma. Ob außer dem Plasma-

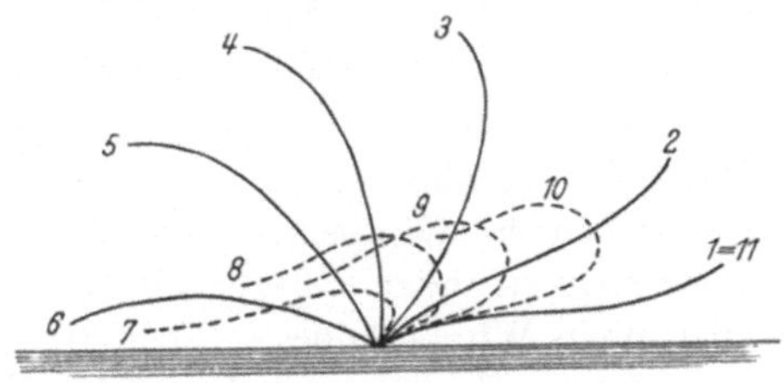

Abb. 52. Schlagfolge einer einzelnen Wimper in der Reihenfolge
der Nummern; Rückkehr in die Ausgangslage gestrichelt.

mantel auch die Fäserchen zusammenziehbar sind, wie manche
Forscher annehmen, ist eine Streitfrage. Die Bewegung der Wimper
aber läuft in einer durchaus nicht einfachen Weise ab (Abb. 52.)
Beim wirksamen Ruderschlag ist die Wimper stets ziemlich starr
gestreckt, beim Rückschlag in die Ausgangsstellung aber schmiegt
sie sich der Körperoberfläche weitgehend an. Das ist notwendig;
denn nur so kann die Wirkung des Vortriebschlages größer sein
als die des Rückschlages. Gleichwohl bleibt der „Nutzeffekt"
außerordentlich gering. Er ließ sich für das Pantoffeltierchen auf
etwa $1/2\%$ berechnen: nur etwa $1/2\%$ des wirklichen Leistungsauf-
wandes wird für die Bewegung nutzbar. Das Wimperkleid des
Pantoffeltierchens ist also eine sehr schlecht ausgenutzte Maschine.

Wir möchten gerne wissen, was sich beim Vor- und Rückschlag an der Wimper abspielt. Aber wir wollen nur gleich ge-
stehen, daß wir noch nicht genau wissen, was eigentlich geschieht.
Als sicher darf man wohl annehmen, daß der Schlag zwar von der

Verankerungsstelle der Wimper im Körper beeinflußt werden kann, daß aber die Fähigkeit zum Schlagen in der Wimper selbst liegt. In einer Reihe von Fällen hat sich zeigen lassen, daß wimperartige Gebilde auch nach Ablösen vom Körper noch Schlagbewegungen machen. Man hat Grund zur Annahme, daß rhythmisch wechselnde Quellungs- und Entquellungsvorgänge entlang dem flüssigen Oberflächenplasma der Wimper eine ausschlaggebende Rolle spielen. Um welche feinsten Strukturänderungen es dabei geht, ist vorerst ein Geheimnis.

Auf der Oberfläche eines Pantoffeltierchens stehen die Wimpern in einer wunderbaren Ordnung. Ihre Verankerungspunkte sind in dem Plasma der Körperoberfläche durch feinste fädige Strukturen verbunden. Ob diese Fäden nach Art der Nerven mehrzelliger Tiere dafür verantwortlich sind, daß die zahllosen Wimpern nicht ungeordnet durcheinanderschlagen, ist allerdings sehr zweifelhaft. Eine Ordnung aber ist insofern gegeben, als die auf einer Querreihe stehenden Wimpern zwar gleichzeitig, in der Längsreihe jedoch nach einander schlagen. So entsteht beim Anblick eines schlagenden Wimperfeldes, — das gilt nicht nur für das Pantoffeltierchen —, der bekannte Eindruck des wogenden Kornfeldes, über das der Wind dahinstreicht. Das ist sehr sinnvoll: die unterbrochene Schlagfolge der Einzelwimper wird übersetzt in eine stetige Wirkung der Gesamtheit der Wimpern. Auf einen Reiz von außen (etwa Anrennen an ein Hindernis) kann sehr plötzlich eine Schlagumkehr erfolgen. All dies zeigt deutlich, daß es eine Beeinflussung der Wimperntätigkeit durch Erregungsleitung gibt.

Die Rätselhaftigkeit dieses Bewegungsvorganges zeigt sich vielleicht noch eindringlicher bei den Geißeltierchen (Flagellaten). Sie sind häufig in Süß- und Meerwasser, treten nicht selten auch als Schmarotzer im Innern anderer Tiere auf. Sie sind durchweg kleiner als die Wimpertierchen, manche, insbesondere Meeresbewohner, so klein, daß sie dem Forscher durch die Maschen der feinsten Fangnetze schlüpften und lange verborgen blieben. Zur Entdeckung dieser Kleinstformen mußte erst die Natur selber mithelfen. Unter den Manteltieren (Tunicaten) gibt es Formen, die mit schlängelnden Bewegungen eines Ruderschwanzes frei herumschwimmen (Appendicularien). Sie bauen sich aus einer von

Drüsenzellen abgesonderten Gallerte einen höchst verwickelten
Nahrungsfangapparat mit Netzmaschen, die viel feiner sind als
die feinsten Fangnetze von Menschenhand. Mit ihnen filtrieren
sie das Meerwasser und fangen sich als Nahrung gerade die win-
zigsten Lebewesen, unter ihnen besonders die kleinen Geißeltierchen heraus. So eröffnete sich bei der Untersuchung dieser
Fangapparate dem Forscher eine ganz neue Welt.

Alle Geißeltierchen sind sicher schwerer als Wasser; manche
(die Coccolithophoriden) sind sogar gepanzert mit Kalkstückchen
(Abb. 53), die den Körper natürlich belasten. Aber die Unruhe des

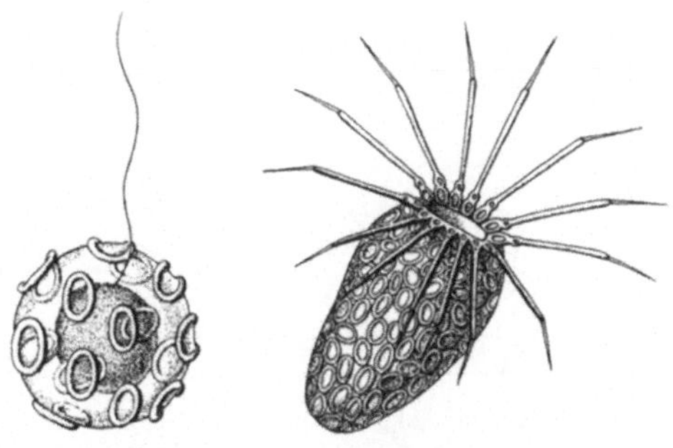

Abb. 53. Zwei winzige, mit Kalkstückchen gepanzerte Geißeltierchen
(Coccolithophoriden) aus dem Meerwasser.

Wassers, die außerordentliche Kleinheit und der Besitz von Bewe-
gungsorganen ermöglichen den Aufenthalt im freien Wasserraum.

Geißeltierchen tragen „Geißeln", Plasmafortsätze, die im Vergleich zur Körpergröße bedeutend länger, dafür aber viel weniger
zahlreich sind als die Wimpern. Oft sind nicht mehr als zwei
Geißeln vorhanden, die in der Regel bei der Bewegung voran
gehen, seltener nachgeschleppt werden. Die Geißelbewegung ist
so schnell, daß man sie nur schwer untersuchen kann. In vielen
Fällen macht die Geißel eine drehende Schwingung, etwa wie
wenn man eine dünne elastische Gerte durch drehende Bewegung
im Handgelenk auf einem Kegelmantel rasch kreisen läßt. Durch
die so entstehenden Wasserströmungen saugt sich das Tierchen,
Geißel nach vorn, gleichsam durch das Wasser, oder es drückt
sich mit nach hinten gewandter Geißel voran. Die Geißelwirkung
läßt sich fast mit der eines Propellers vergleichen.

In anderen Fällen erfolgt der Geißelschlag, wenigstens zeit-
weise, mehr in einer Ebene nach Art eines Ruders. Eine kleine
Süßwasserform der Gattung *Monas* hat eine große und eine kleine
Geißel; die letztere wollen wir vernachlässigen, da sie für die
Fortbewegung bedeutungslos zu sein scheint. *Monas* kann sich
in verschiedenster Weise bewegen: vorwärts, rückwärts, seit-

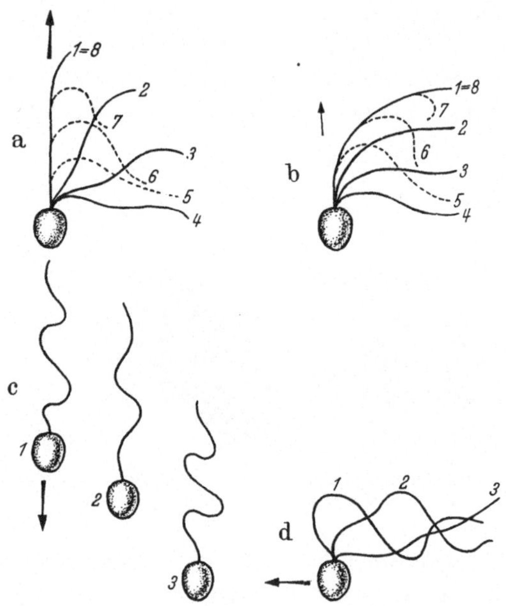

Abb. 54. Verschiedene Bewegungsformen des Geißeltierchens *Monas*, vereinfacht. a) Rasche Vorwärtsbewegung, Hauptschlag der Geißel ausgezogen,
Rückkehr gestrichelt, b) langsame Vorwärtsbewegung, c) Rückwärtsbewegung
mit schlängelnder Geißel, d) Seitwärtsbewegung.

wärts, schnell, langsam. Meistens ist auch hier der Schlag der
großen Geißel so schnell, daß man nur einen einheitlichen Schwin-
gungsraum sieht, ähnlich wie etwa beim Flügelschlag einer Fliege
oder Biene. Zuweilen aber kann man die ruderartigen Geißel-
bewegungen im Einzelnen verfolgen; Abb. 54 gibt dafür einige
Beispiele. Die Anschmiegbewegung bei der Rückkehr in die Ausgangsstellung verläuft ähnlich wie beim Wimperschlag. Da der
Schlag schief geführt wird, ergibt sich nicht nur eine Vorwärts-,
sondern zugleich eine Drehbewegung um die Längsachse. Die

Fähigkeit zum Seitwärts- und Rückwärtsschwimmen setzt bedeutend mannigfaltigere Bewegungsformen der Geißel voraus, als wir von der Wimperbewegung her kennen.

Wir hatten betont, daß Bewegung durch Wimper- oder Geißelschlag bezeichnend ist für Kleinformen. Es gibt indessen eine Ausnahme: die meeresbewohnenden Rippenquallen (Ctenopho-

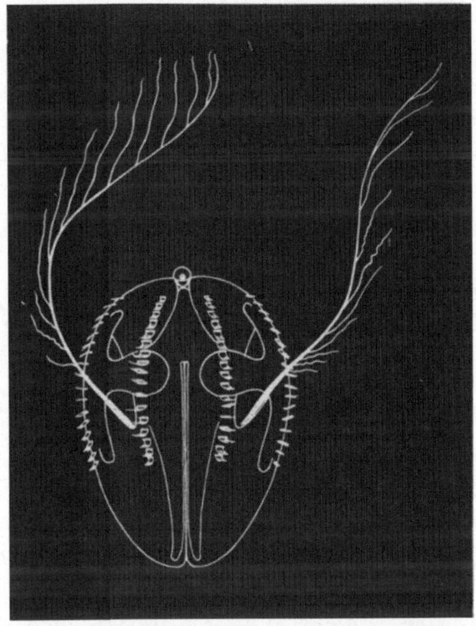

Abb. 55. Eine Rippenqualle (*Pleurobrachia*) mit glasklar durchsichtigem Körper und zwei Fangarmen; Größe etwa 5 cm. 4 Rippen mit Wimperplättchen sichtbar.

ren), die eine stattliche Größe erreichen können. Der bandförmige Venusgürtel (*Cestus veneris*) wird bis zu eineinhalb Meter lang. In symmetrischer Anordnung sind auf der Oberfläche acht Reihen von Wimperplättchen verteilt, die am lebenden Tier in prächtigen Farben irisieren (Abb. 55). Jedes dieser Plättchen besteht aus einer Querreihe von miteinander verklebten Wimperhärchen. Unter koordinierender Kontrolle eines gut ausgebildeten Nervensystems schlagen die Reihen von Ruderplättchen und treiben die oft glasklar durchsichtigen Tiere — ein wunderbares Bild

— mit mäßiger Geschwindigkeit dahin. Daß der an sich wenig ausgiebige Motor die großen Tiere doch vor dem Absinken zu bewahren vermag, liegt vor allem an dem außerordentlich hohen Wassergehalt des gallertigen Körpers und dem dadurch bedingten vergleichsweise geringen Übergewicht (ähnlich wie bei den echten Quallen, S. 90). Darüberhinaus haben die größeren Formen oft noch lappige Körperanhänge zum Herabsetzen der Sinkgeschwindigkeit.

Schlängelbewegung

Schon bei den Geißeln gibt es eine Schlängelbewegung, vergleichbar der Bewegung eines Taues, das man von einem Ende her auf- und abschleudert. Schwimmen durch Schlängeln sieht

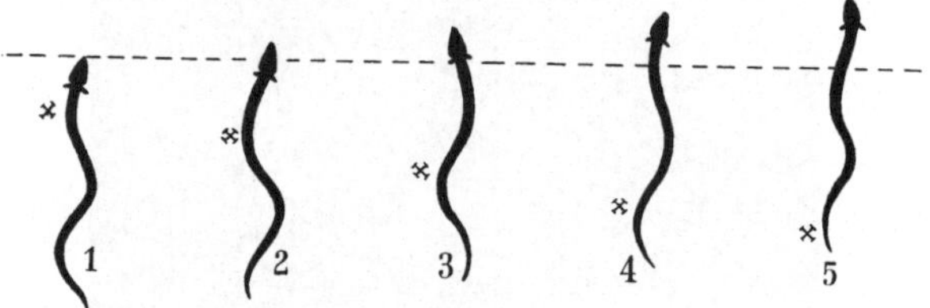

Abb. 56. Fünf Stadien der Vorwärtsbewegung eines Aales.

man, so oder so abgewandelt, bei vielen Wassertieren. Es ist besonders deutlich dann, wenn der ganze, oft etwas abgeflachte Körper beteiligt ist, so beim Aal, auch bei Molchen, wenn sie sich zur Brutzeit im Wasser aufhalten, oder auch bei manchen Egeln; diese entschließen sich freilich meist nur schwer zum Schwimmen. Aale, Molche, durch senkrecht stehende Flossenkämme besonders hinten seitlich abgeflacht, schlängeln sich nach der Seite, die Egel, vom Rücken zum Bauch abgeflacht, von oben nach unten.

Wie kann durch Schlängeln eine Bewegung — meist nach vorn — zustande kommen? Abb. 56 zeigt einen Aal in verschiedenen Stadien der Vorwärtsbewegung. Wir müssen uns die nebeneinanderstehenden Bilder eigentlich übereinander gezeichnet denken. Mehrere Wellen laufen von vorn nach hinten über den Körper hin, so der mit x bezeichnete Wellenberg. Immer steht die Körperachse schief zur Bewegungsrichtung, oder: ein Teil der Körperflanken ist schief nach hinten-links oder hinten-rechts

78

gekehrt. Wandert nun durch Muskelarbeit eine Welle über den Körper hinweg, den wir uns am Kopf festgehalten denken, so wird der schief nach hinten gekehrte Teil der Flanke nach rückwärts verschoben (Abb. 57) und drückt dabei gegen das Wasser.

Ist das Tier frei beweglich, so wird es sich, wenn die Wellen von vorn nach hinten laufen, vorwärts bewegen, da die schief nach hinten gekehrten und nach hinten über den Körper wegwandernden Flankenteile ähnlich wie Ruderflächen wirken. So wird begreiflich: daß

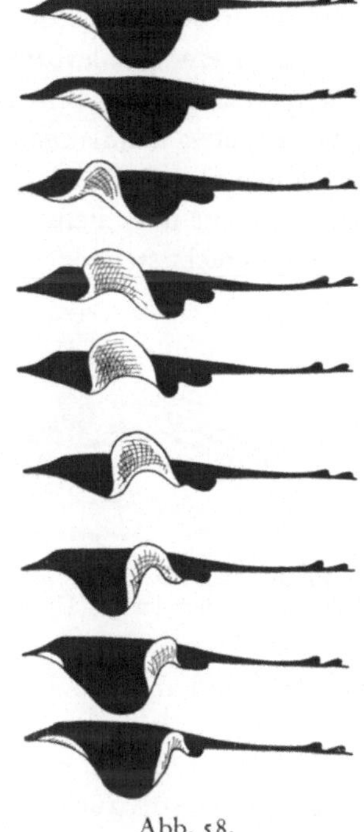

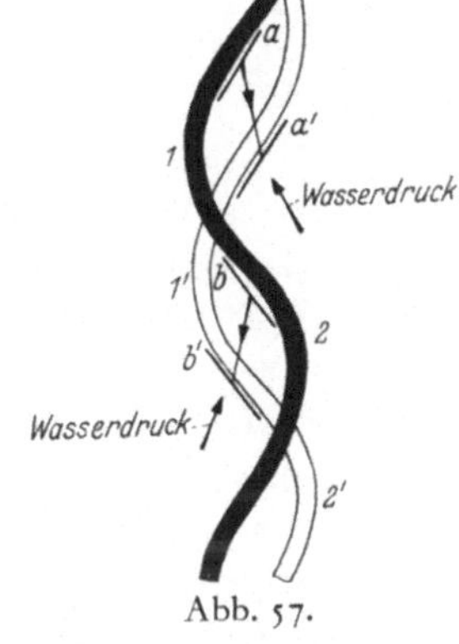

Abb. 57.

Abb. 58.

Abb. 57. Ausschnitt aus einem sich schlängelnden Körper. Ausgehend von der Stellung I ist kurz darauf die nur im Umriß gezeichnete Stellung I' erreicht; Wellenberg 1 ist nach 1', 2 nach 2' verschoben, damit sind die Flankenteile a und b nach a' und b' gerückt.

Abb. 58. Schlängelbewegung der flügelartigen Seitenflossen eines Rochens.

große Schlängelwellen wirksamer sind als kleine (Vergrößerung der Ruderflächen); daß lange Körper mit vielen Schlängelwellen besser vorankommen als kurze (viele Ruderflächen); daß schnelles Schlängeln besser schafft als langsames (mehr Ruderschläge in der Zeiteinheit); daß ein abgeplatteter Körper einen Vorteil bedeutet gegenüber einem drehrunden (verbreiterte Ruderfläche).

In der Regel ist bei den Schlängelschwimmern nur ein Teil des Körpers der Hauptmotor: bei den Kaulquappen der seitlich zusammengedrückte Schwanz, bei den stark abgeflachten Rochen (Abb. 58) und bei den Kalmaren (Abb. 59) paarige, flügelartige Seitenflossen, beim südamerikanischen Zitteraal die außerordentlich langgestreckte, bauchseits hinter dem After gelegene Afterflosse. Es ist ein wunderbares Bild, wenn in einem großen Seewasseraquarium ein Kalmarschwarm „Schule" schwimmt. Die bleichroten, etwa handlangen Tintenfische haben einen schlanken, hinten zugespitzten Körper; die Fangarme am Kopf sind nach vorne gestreckt und dicht zusammengelegt. Der Saum der paarigen, waagerecht stehenden Seitenflossen schlägt in Wellenbewe-

Abb. 59. Kalmar (*Loligo vulgaris*), ein frei schwimmender Tintenfisch mit paarigen Seitenflossen. Unter dem Kopf ist der Trichter sichtbar.

gungen auf und ab. Dabei kann die Welle von vorn nach hinten oder umgekehrt laufen. Wie wenn sie mit unsichtbaren Fäden verbunden sind, ziehen alle Tiere eines Schwarmes gleichsinnig ihre Bahn, vorwärts, rückwärts, vorwärts, rückwärts. Wir wissen nicht, was den Schwarm wie eine geschlossene Einheit handeln läßt.

Die meisten Fische treiben sich durch Seitwärtsschlängeln des stark muskulösen Schwanzteils ihres Körpers voran; eine oft stattliche, senkrecht gestellte, mehr oder weniger tief ausgeschnittene Schwanzflosse (Abb. 60) unterstützt den Schlag wirksam. Die unpaaren Rücken- und Afterflossen können, wenn sie weit nach hinten reichen, die Schwanzflosse in ihrer Aufgabe unterstützen, haben aber hauptsächlich die Bedeutung von Stabilisierungsflächen. Auch die paarigen Brust- und Bauchflossen (Abb. 62 S. 84) dienen in der Regel nicht dem Antrieb, sondern dem Steuern. Es gibt allerdings Ausnahmen, wenn die Schwanzflosse schwach ist (Rochen) oder ganz fehlt. Die Seepferdchen

80

haben einen Wickelschwanz (Abb. 61), mit dem sie sich im Algenwald geschickt festhalten können. Beim Schwimmen bedienen sie sich der schnell schwirrend schlagenden Rückenflosse (15—25 Schwingungen in der Sekunde), unterstützt durch die paarigen

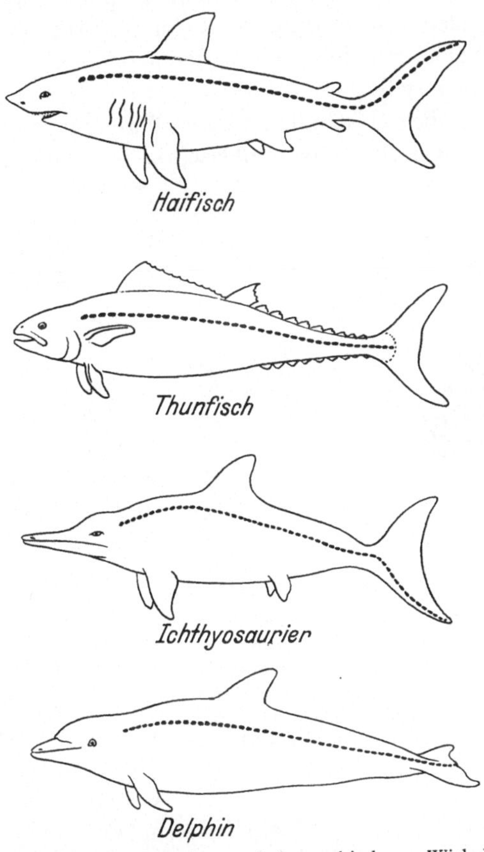

Abb. 60. Schnellschwimmformen bei verschiedenen Wirbeltieren.
Die Wirbelsäule ist durch die gestrichelte Linie angedeutet.

Brustflossen. Dabei schwingen die Strahlen einer Flosse nicht alle gleichzeitig und gleichsinnig, sondern so nacheinander, daß der freie Flossensaum eine wellenförmig schlängelnde Bewegung macht. Durch wechselnde Haltung des vergleichsweise schweren Schwanzes kann das Seepferdchen die Schwerpunktlage ändern,

— auch die Schwimmblase ist bei diesem Vorgang beteiligt; vgl.
S. 133 —, so daß der Schlag der Rückenflosse, der stets gleich-
gerichtet zum Körper bleibt, gleichwohl ein Schwimmen in verschiedener Richtung ermöglicht. Beim Seepferdchen ist also die
für die meisten Fische geltende Regel — Antrieb durch den
Schwanz, Steuerung durch die anderen Flossen — weitgehend
auf den Kopf gestellt.

Die Fische, die sich ständig im freien Wasser aufhalten, besitzen
meist eine gasgefüllte Schwimmblase, die ihrem Körper ziemlich
genau das Gewicht des Wassers gibt (vgl. S. 124). Die Gefahr des Absinkens ist bei ihnen weitgehend gebannt. Aber es gibt auch schwimmblasenlose Fische; zu ihnen gehören – neben einigen Knochenfischen – vor allem die Knorpelfische, die Haie und Rochen. Sie sind schwerer als Wasser; die meisten halten sich daher auf oder dicht über dem Meeresboden auf. Nur wenige Haifische, insbesondere große Formen, sind Herrscher im freien Meer geworden; das Gleiche gilt unter den

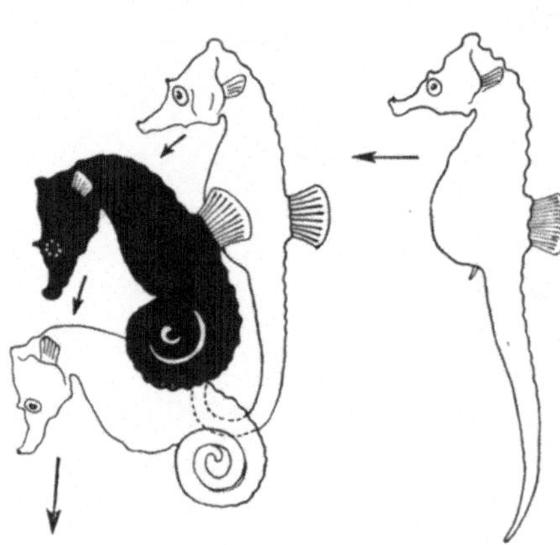

Abb. 61. Seepferdchen; rechts: geradeaus
nach links schwimmend; links: drei Stadien
des Tauchens, Verlagerung des Schwerpunktes nach vorn durch Einrollen des Schwanzes
(und Gasverschiebung in der Schwimmblase),
zugleich arbeiten die kleinen Brustflossen
hinter dem Kopf besonders stark.

Knochenfischen für einige Makrelenarten (Verwandte der Thun-
fische), die auch keine Schwimmblase haben. Sie alle müssen wirklich rastlos und mit beträchtlicher Geschwindigkeit schwimmen, um
sich vor dem Absinken zu schützen. Bei manchen Haien ist die
Bauchseite mehr oder weniger deutlich abgeflacht, sind die verbreiterten Brustflossen horizontal gestellt; beim raschen Schwimmen
treten dann insbesondere am schweren Vorderkörper gewisse Auf-
triebkräfte auf, vergleichbar dem von vorn angeströmten Vogel-
flügel. Da alles auf die Entwicklung beträchtlicher Geschwindigkeit

ankommt, erhielt der Körper — wie beim Vogel — unter Vermeidung unnötiger, bewegungshindernder Fortsätze die für so viele Fische bezeichnende torpedoartige Schnellschwimmerform (Abb. 60).

Es ist bekannt, aber deswegen nicht minder erstaunlich, daß als Ausdruck gleicher Bewegungsweise bei verschiedenen Wirbeltieren die gleiche Körperform auftrat. Man spricht dann von Konvergenz, ein Ausdruck, der die tiefe Problematik der Erscheinung eher verschleiert als deutet. Als im Erdmittelalter die luftatmenden Kriechtiere vorherrschten, bildeten sie, die doch von Haus aus Kriecher oder Läufer waren, nicht nur fliegende, sondern auch schwimmende Formen aus. Vortreffliche Schnellschwimmer waren sicherlich die Fischechsen (Ichthyosaurier, Abb. 60), von denen uns zahlreiche Versteinerungen berichten. Unter den Säugern wurden weitgehend die Robben, vollständig die Wale (Abb. 60) zu Wassertieren. Fischechsen wie Wale (Robben angenähert) haben einen fischähnlichen Körper; es entstand eine „Rückenflosse" als Stabilisierungsfläche (gegen Drehung um die Längsachse) und bei beiden wurden die Vorderbeine zu flossenartigen Steuerorganen, die Hinterbeine dagegen mehr oder weniger weitgehend rückgebildet. Beide haben freilich gegenüber den Haien den Vorteil, daß sie als Luftatmer in ihren Lungen ein schwimmblasenähnliches, das Übergewicht minderndes oder aufhebendes Organ besitzen. Bei beiden aber liegt wie bei den Fischen der Motor in den Muskeln des Hinterleibes, zu deren Unterstützung eine kräftige „Schwanzflosse" entwickelt wurde.

Indessen gerade am Motor zeigen sich bezeichnende Unterschiede, schon äußerlich. Bei Fischen und Fischechsen steht die Schwanzflosse senkrecht (Abb. 60), sie findet eine Stütze durch das aufwärts (bei Haien) oder abwärts (bei Ichthyosauriern) gebogene Hinterende der Wirbelsäule. Die Deutung dieses auffallenden Unterschiedes ist nicht leicht; sie ist vielleicht darin zu suchen, daß bei den Haien der Vorderkörper, der durch die früher erwähnten Gleitflächen im Schwimmen einen gewissen Auftrieb bekommt, durch Betonung der oberen Schwanzflossenhälfte etwas herabgedrückt wird (Stabilisierung der Horizontallage), daß aber bei den Fischechsen, die als Luftatmer immer wieder zur Oberfläche aufsteigen mußten, eben dies Aufsteigen durch die stärkere untere Schwanzflossenhälfte erleichtert wurde. In beiden Fällen ist die Muskulatur auf Seitwärtsschlängeln des Hinterkörpers eingestellt.

Bei den Walen dagegen ist die „Schwanzflosse" waagerecht gestellt und wird beim Schwimmen auf und ab bewegt. Das setzt eine andere Anordnung der Muskulatur voraus.

Von der so bezeichnenden Gliederung der Muskulatur beim Fisch kann man sich leicht überzeugen (Abb. 62). Wir sehen jederseits viele hintereinanderliegende Muskelkästchen, die meist tütenartig ineinanderstecken, und von denen jedes wieder in eine obere und eine untere Hälfte geteilt ist. Die kontraktilen Fasern

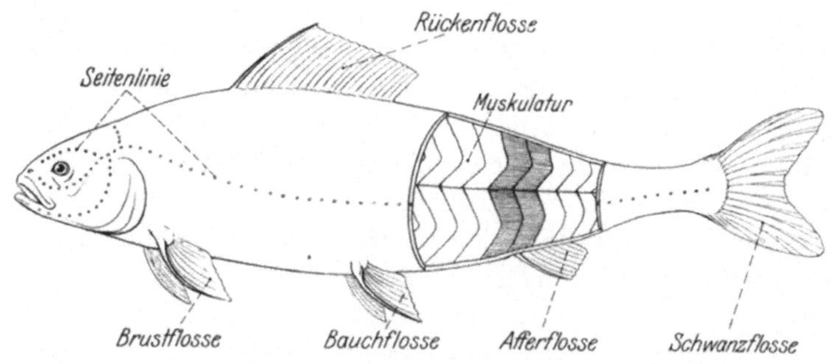

Abb. 62. Anordnung der Muskulatur beim Fisch, durch Abtragen eines Teils der Haut sichtbar gemacht. Auch das System der Seitenlinienkanäle ist eingetragen.

verlaufen gleichlaufend zur Körperlängsachse; sie sind befestigt an sehnigen Bindegewebsscheiden zwischen den Muskelkästchen, die sich links und rechts an das „Rückgrat" anheften. Bei Vorläufern der eigentlichen Wirbeltiere, bei dem kleinen Lanzettfischchen *(Branchiostoma)* oder bei den Neunaugen, ist das Rückgrat ein einheitlicher elastischer Stab (Rückensaite, Chorda dorsalis), bei den eigentlichen Fischen aber besteht es aus hartem Knorpel oder Knochen, ist dafür aber, der gegliederten Muskulatur entsprechend, in hintereinander liegende „Wirbel" aufgeteilt. Durch Bindegewebsbänder sind die Wirbel so miteinander verbunden, daß die Wirbelsäule als Ganzes ähnlich der Rückensaite wie ein elastischer Stab wirkt. Es ist klar, daß durch die rhythmisch wechselnde Arbeit der linken und der rechten Muskeln eine schlängelnde Bewegung entstehen muß. Vermutlich lagen bei den Fischechsen die Dinge ähnlich; doch wissen wir aus begreiflichen Gründen nichts Genaueres.

Ganz anders die Wale! Sie sind Säugetiere; ihre Vorfahren waren, wie alle Säuger, Landtiere, die ins Wasser, den Urraum alles Lebendigen, zurückgingen und sich nun an eine für sie neue Bewegungsart anpassen mußten.

Die Landwirbeltiere benutzen ihre Beine als Hebelwerkzeuge, zum Kriechen und Laufen. Die für die Fische so bezeichnende

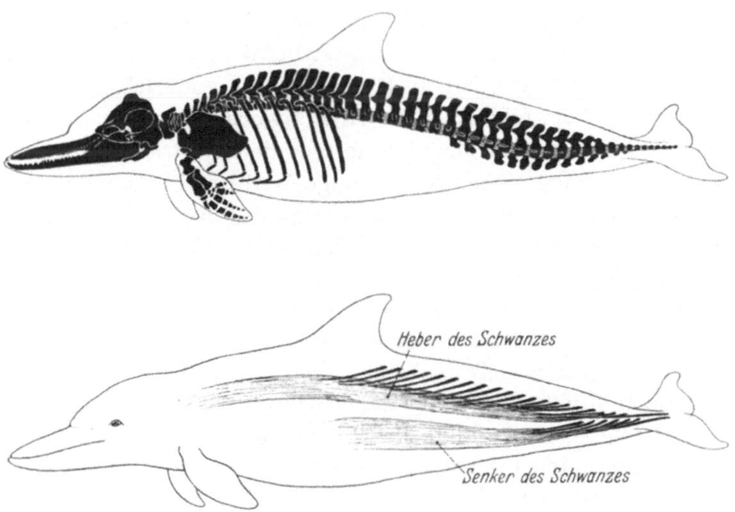

Abb. 63. Skelett (oben) und Schwimmuskeln der linken Seite (unten) eines Delphins. Die Muskeln sind vereinfacht dargestellt; schwarz die aus den Muskeln austretenden Sehnen, die sich an die Wirbelfortsätze ansetzen.

Gliederung der Rumpfmuskeln in hintereinander liegende Abschnitte tritt zurück, zeigt sich eigentlich nur noch in den kleinen Muskeln, die von Wirbel zu Wirbel ziehen. Die Wirbel berühren sich in richtigen Gelenken; die Wirbelsäule bekommt dadurch die notwendige vielfältigere Beweglichkeit. Mehr an der Oberfläche machen sich Muskeln breit, besonders im Bereich des Schulter- und Beckengürtels, die in recht verwickelter Anordnung den vielfältigen Möglichkeiten der Beinbewegung Rechnung tragen. Dabei entstanden auch einige langgestreckte Muskeln, besonders

85

entlang dem Rücken, bauchseits hauptsächlich im hinteren Körperabschnitt hinter der Rippenregion.

Als die Vorfahren der Wale ins Wasser gingen und zu Schwimmern wurden, mußten sie mit ihrer Säugermuskulatur auskommen. Abb. 63 zeigt das Ergebnis der Entwicklung: die Rückenmuskeln wurden außerordentlich lang und stark; sie setzten sich mit mächtigen Sehnen an die oberen Dornfortsätze der Lenden und Schwanzwirbel. Schwächer, aber immer noch mächtiger als bei Landsäugern sind die bauchseitigen Längsmuskeln; sie ziehen, den Rückenmuskeln entgegenwirkend, den Schwanz abwärts. Zugleich wurde die Wirbelsäule umgestaltet. Die Wirbelfortsätze im Schwanzbereich wurden groß, treffliche Ansatzflächen für die Schwimmuskeln bildend. Die Wirbelsäule als Ganzes wurde wie bei den Fischen, besonders im hinteren Bereich, wieder zu einem elastischen Stabe: es fehlen gelenkige Wirbelverbindungen; statt dessen sind dicke elastische Zwischenwirbelscheiben vorhanden. Darüber hinaus entstand die einem Säugetier durchaus nicht zukommende Schwanzflosse. Auch die Vorderbeine wurden zu flossenartigen Gebilden, während die Hinterbeine äußerlich ganz verschwanden. Kurzum: der ganze Körper wurde für die Bewegung im neuen Lebenselement umgebildet. Mit schnellen, fast zitternden Aufabschlägen der Schwanzflosse vermag der Delphin mit D-Zugs-Geschwindigkeit dahinzubrausen.

Vor einem mit Fischen bevölkerten Aquarium hat wohl jeder schon einmal gestanden und hat sich an der Eleganz ihrer Bewegungen erfreut. Dies Herumschwimmen erscheint uns so selbstverständlich. Aber es lohnt sich, noch ein wenig dabei zu verweilen.

Wir sehen den oft über lange Zeit regelmäßigen Rhythmus des Flossenschlags. Diese rhythmische Bewegung, die wir ja schließlich vom trabenden Pferd oder unserm eigenen Gehen her kennen, ist an sich schon eine interessante Erscheinung. Wie kommt sie zustande? Man hat sich die Sache lange Zeit so vorgestellt: durch einen anstoßenden Reiz von außen wird eine Erstbewegung (etwa Flossenschlag nach links) ausgelöst; diese Bewegung selbst veranlaßt dann durch Reizung von Sinnesorganen in den dabei tätigen Muskeln und Sehnen über das Zentralnervensystem die Zweitbewegung (Flossenschlag nach rechts), diese dann wieder

Schlag nach links und so fort. Aber gerade an den rhythmischen Flossenbewegungen der Fische hat sich, besonders durch die Untersuchungen von *v. Holst*, zeigen lassen, daß das nicht so ist. Man kann die Erregungszufuhr von den Sinnesorganen zum Zentralnervensystem fast vollkommen ausschalten. Gleichwohl ist eine rhythmische Flossenbewegung möglich. Das bedeutet: das Zentralnervensystem selbst liefert aus einer ihm innewohnenden Fähigkeit heraus rhythmisch die Impulse, die über die Muskelnerven zu den Muskeln laufen und diese zu rhythmischer Arbeit veranlassen. Der Rhythmus kommt von innen. Reize, die von außen auf Sinnesorgane treffen, können den Rhythmus wandeln und steuern, können ihn ganz unterdrücken und wieder anlaufen lassen. Wir sehen ja, wie geschickt der Fisch seine Beute, die er sieht oder riecht oder schmeckt, zu finden, seinem Feind zu entrinnen weiß.

Eine andere Frage: ist es wirklich so selbstverständlich, daß der Fisch (zumeist) mit dem Rücken nach oben schwimmt, mit anderen Worten: daß er weiß, wo oben und unten ist? Die Schwerpunktlage des Fischkörpers ist vor allem durch die Lage der gasgefüllten leichten Schwimmblase im Vergleich zu der schweren Muskulatur und den Eingeweiden bestimmt. Sie ist bei manchen Fischen so, daß diese sich, Rücken nach oben, in stabilem Gleichgewicht befinden, daß also die „Normallage" sich von selbst einstellt und bewahrt wird. Häufiger aber ist die labile Gleichgewichtslage; viele Fische kippen um, wenn man sie betäubt. Bei labilem Gleichgewicht muß der Fisch durch ständige Steuer- und Ausgleichsbewegungen mit den Flossen die Normallage (Rücken nach oben) einstellen. Ein gefährdetes Dasein? Nun, der Fisch meistert die Aufgabe spielend. Die labile Gleichgewichtslage macht ihm die Vielfalt meisterhafter und blitzschneller Wendungen geradezu erst möglich, wenn nur seine Sinnesorgane und sein Zentralnervensystem richtig arbeiten. Bestimmte Teile des inneren Ohrs, bei vielen Fischen außerdem das Auge, geben dem Fisch Rechenschaft über Oben und Unten. Fischarten, bei denen die Orientierung hauptsächlich über das Auge geht, schwimmen unter bestimmten Bedingungen wie selbstverständlich bei Seitenlicht auf der Seite, bei Licht von unten auf dem Rücken; für sie ist immer die Seite „oben", von der das Licht einfällt.

Der Fisch ist gegenüber dem Wasser fast immer in Bewegung; entweder schwimmt er im Wasser umher, oder das Wasser bewegt sich gegen ihn, wie wir an einer im Wasser „stehenden" Bachforelle sehen. Kann der Fisch den Strom des Wassers gegen seinen Körper wahrnehmen?

Wir machen einen Versuch. Aus einer feinen Spritze richten wir gegen die Flanke eines Hechtes einen Wasserstrahl so, daß er nichts von unsern Handgriffen sieht. Trifft der Wasserstrahl die Haut, so wird der Fisch wahrscheinlich blitzschnell herumfahren und in Richtung der Spritze schnappen; er hat offensichtlich den Wasserstrahl und sogar die Richtung aus der er kam, wahrgenommen. Mit dieser Fähigkeit ausgerüstet findet auch ein blinder Hecht noch seine Beute.

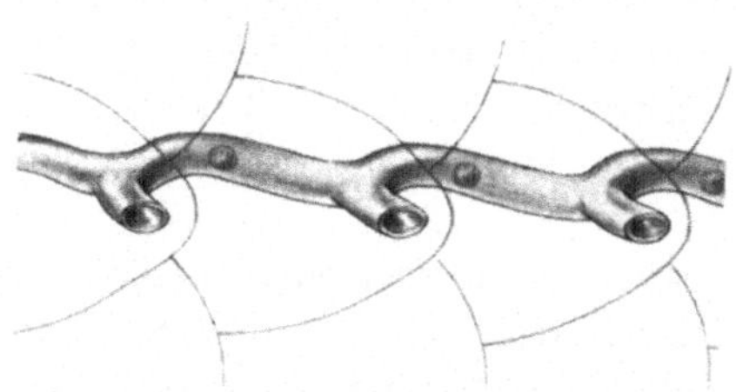

Abb. 64. Ein Stück aus der Rumpfseitenlinie eines Fisches. Die Schuppenränder sind angedeutet. Der Seitenlinienkanal mündet durch kurze Stutzen nach außen; zwischen je zwei Stutzen liegt in der Kanalwand eine Knospe von Sinneszellen.

Dem Wahrnehmen von Strömungen dienen die Sinnesorgane der „Seitenlinie". Bei den meisten Fischen sieht man an den Flanken einen auffallenden Streifen (Abb. 62 S. 84). Dicht unter der Haut zieht hier ein flüssigkeitsgefüllter feiner Kanal entlang, der in regelmäßigen Abständen in kurzen Stutzen nach außen mündet (Abb. 64). In der Kanalwand sitzen Knospen von Sinneszellen, die mit einer Gallertkappe bedeckt sind. Trifft ein Wasserstrom auf die Flanke des Fisches, so setzt sich der Wasserdruck in den Kanal hinein fort; die Gallertkappe wird abgebogen, die Sinneszellen werden dadurch erregt. Es ist einleuchtend, daß die Art der Erregung von Stärke und Richtung des Stromstoßes abhängt. Das Kanalsystem erstreckt sich mit mehreren Zweigen auch auf den Kopf (Abb. 62 S. 84). Außerdem ist — bei verschiedenen Fischen in verschiedenem Ausmaß —, die Haut noch besetzt mit freien, nicht in Kanälchen versteckten Sinnesknospen mit zylinderförmigen Gallertkappen (Abb. 65). Man kann im Mikroskop die Abbiegung der Gallertzylinder durch den Wasser-

strom unmittelbar beobachten. Mit diesem System von Sinnesorganen, die natürlich durch Nerven mit dem Zentralnervensystem verbunden sind, kann der Fisch nicht nur stärkere Wasser-
ströme wahrnehmen, er kann so auch unbewegliche Hindernisse
meiden. Eine Elritze wird kaum
je gegen einen Gegenstand anrennen, auch wenn sie ihn nicht
sieht. Sie ertastet ihn von ferne.
Denn vom schwimmenden Tier
gehen Wasserbewegungen aus, die
von Hindernissen zurückgeworfen
und dann vom Fisch wahrgenommen werden.

Bewegung durch Rückstoß

Wir hatten oben (S. 80) das reizvolle Flossenschwimmen einer
Schar von Kalmaren beschrieben.
Die ruhige Bewegung kann sehr
überraschend unterbrochen werden. Irgendwie erschreckt, schießt

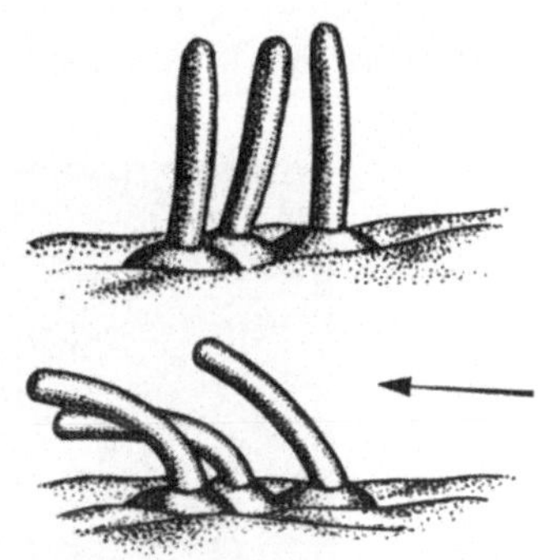

Abb. 65. Frei auf der Körperoberfläche stehende Seitenlinienorgane
der Elritze; lange Gallertzylinder
auf den Sinnesknospen. Oben: in
Ruhe; unten: Abbiegen der Gallertzylinder durch einen leichten
Wasserstrom von rechts.

plötzlich ein Tier blitzschnell nach rückwärts davon; es kann
wohl sein, daß es dabei über die Wasseroberfläche hinausspringt.
Hier geschieht etwas ganz anderes als beim gewöhnlichen Schwimmen. Am Bauch, von außen überdeckt, liegt die Atemhöhle mit
den Kiemen. Durch rhythmische Verengerung und Erweiterung
wird Atemwasser durch sie hindurchgepumpt; es tritt durch eine
eigene Öffnung ein und verläßt es nach vorn durch den „Trichter“,
der bauchseits unter dem Kopf liegt (Abb. 59 S. 80). Bei Gefahr
aber wird es äußerst heftig aus dem Trichter ausgespritzt; der
Rückstoß läßt das Tier wie aus der Pistole geschossen hinweg-
flitzen. Es ist ein besonderer Trick der „Tinten“fische, daß bei
drohender Gefahr mit dem Atemwasser auch die schwarze Ab-
sonderung der Tintendrüse ausgestoßen werden kann: hinter der
dunklen Wolke sucht sich das Tier dem Verfolger zu entziehen.
Diese Art der Fortbewegung kommt im Tierreich nicht gerade
häufig vor. Unter den Süßwassertieren sieht man sie gelegentlich
bei den großen Libellenlarven, die sich sonst nur ungern zum

Schwimmen entschließen. Sie atmen gewöhnlich in ruhigen Bewegungen mit dem Enddarm; nur bei Gefahr schwimmen sie, das Atemwasser aus dem After ausstoßend, nach vorn davon.

Nur bei den Quallen ist die Bewegung durch Rückstoß die Regel (Abb. 66). Die schirm- oder glockenförmigen, zuweilen wunderbar zart in verschiedenen Farben getönten Gebilde, je nach

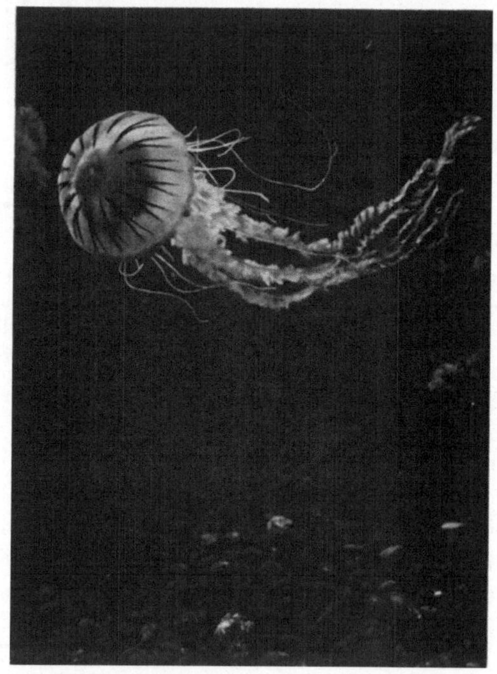

Abb. 66. Schwimmende Kompaßqualle aus der Nordsee.

Art mikroskopisch klein oder mit einem Durchmesser von mehreren Dezimetern, werden gelegentlich in Menge an die Meeresküste angetrieben; man kann dann vom Boot aus die gleichmäßig rhythmischen Bewegungen sehr schön beobachten. Die Hauptmasse des Körpers macht der gewölbte, gallertige Schirm aus. Von der Mitte der unteren Schirmhöhle hängt wie ein Glockenklöppel das bei manchen Arten lappig aufgeteilte Mundrohr herab. Der Schirmrand ist mit kürzeren oder längeren Tentakeln und mit Sinnesorganen besetzt. In der Wand der Schirmhöhle aber liegen, ringförmig angeordnet, Muskeln; ziehen sie sich zusammen so wird der Gallertschirm stärker gewölbt, die Schirmhöhle verengt und daher das Wasser ausgetrieben. Der Rückstoß treibt die Qualle mit dem Stirnscheitel voran davon. Bei Erschlaffen der Muskeln nimmt der Schirm durch die Elastizität der Gallerte wieder die Ausgangslage ein. Die Absinkgeschwindigkeit bei Ruhelage ist gering, einerseits wegen des beträchtlichen Formwiderstands, andrerseits wegen des außerordentlich hohen, das Übergewicht herabsetzenden Wassergehalts des Quallenkörpers.

Diese anscheinend so einfache Bewegungsweise gibt uns gleichwohl einige Fragen auf. Besonders auffallend ist der gleichmäßige Rhythmus, den man auch an stark zerstückelten Tieren noch beobachten kann. Es gibt eigentlich nur ein Mittel, diesen Rhythmus zu unterbinden: Die Entfernung bestimmter Organe am Schirmrand — bei den bekannten großen Quallen sind es acht —, die unter anderem durch größerere Ansammlungen von Nervenzellen ausgezeichnet sind. Darüber hinaus ist das ganze Tier mit einem feinmaschigen Netz von Nervenzellen durchsetzt, die unter sich und mit Sinnes- und Muskelzellen in vielfacher Verbindung stehen. Der Ausfall des Rhythmus bei Fehlen der Nervenzellhaufen beweist, daß er nicht in den Muskeln selber liegt, wohl aber in Eigenschaften der Nervenzellen, die ihre Impulse an die Muskeln abgeben. Wir stoßen hier auf die gleiche Grundfähigkeit von Nervenzellen, wie wir sie bei den rhythmischen Flossenbewegungen der Fische kennen gelernt haben. Sie läßt sich in der Auswirkung auf die Muskeln bis in Einzelheiten vergleichen mit dem Schlag unseres Herzens, das ebenfalls seinen Rhythmus in sich trägt. Man kann beim Hühnchen auf einem frühen Entwicklungsstadium Zellen, die später einmal das Herz bilden werden, herausnehmen und in einer geeigneten Nährlösung sich entwickeln lassen; sie vermehren sich, bilden einen röhren- oder bläschenförmigen Verband, der nach einiger Zeit rhythmisch zu pulsieren beginnt. Wie bei der Flossenbewegung kann der Rhythmus der Qualle oder auch des Herzens von außen beeinflußt werden. Jeder weiß, daß der Herzschlag sich bei seelischer Erregung oder schwerer Arbeit ändert. So kann sich auch die Schlagfolge des Quallenschirms besonderen Bedingungen anpassen. Sie kann

schneller und langsamer werden; auch kann ein Teil des Schirm-
randes besonders stark oder besonders schwach schlagen, was
eine Lageänderung zur Folge haben muß, etwa ein Aufrichten
aus der Schieflage. Zur Wahrnehmung der Schieflage sind besondere Organe am Schirmrand vorhanden.

Taucher

Manche Tiere sind gleichgut auf dem Lande, auf oder in dem
Wasser, eventuell auch in der Luft zu Hause. Alle sind ausschließlich oder wenigstens aushilfsweise Luftatmer. Das Letztere gilt etwa

Abb. 67. Leicht wie ein Federball liegt die Lachmöwe auf dem Wasser.

für den Palmendieb, einen Krebs, und den eigenartigen Schlamm-
springer, einen Fisch, beide Bewohner tropischer Küsten. Sie
sind als Abkömmlinge reiner Wasserbewohner ursprünglich auf
Kiemenatmung eingestellt, halten sich aber gewöhnlich außerhalb
des Wassers auf und sind hierfür mit besonderen Hilfsorganen für
Luftatmung ausgestattet. Auf dem Lande wie im Wasser sind
ferner die meisten erwachsenen Amphibien heimisch, die Molche,
Frösche und Kröten, die wenigstens zur Fortpflanzungszeit wieder
das feuchte Element aufsuchen, in dem ihre Entwicklung aus dem
Ei begann. Sie sind im Wasser recht geschickte Schwimmer,
bewegen sich hier durch Schlängeln des ganzen, mit langem

92

Ruderschwanz ausgestatteten Körpers (Molche) oder durch kräftige Stöße der mit vortrefflichen Schwimmhäuten versehenen Hinterbeine (Frösche).

Wie ein leichter Federball liegt die Möwe auf dem Wasser (Abb. 67), nur mit einem kleinen Teil des Körpers eintauchend. Sie kann mit den Ruderbeinen, die nach Entenart Schwimmhäute zwischen den Zehen tragen, geschickt schwimmen. Ihr eigentliches Element als vorzüglicher Flieger aber ist der Luftraum. Die

Abb. 68. Der Haubentaucher liegt beim Schwimmen tief im Wasser.

Wasseroberfläche ist Rastplatz, von dem sie auch hier und da einen Nahrungsbrocken nimmt. Zum Tauchen ist sie unfähig.

Etwas weiter haben es ihre Verwandten, die Seeschwalben, gebracht. Diese gewinnen die Nahrung, vor allem kleine Fische, indem sie im Sturzflug herabstoßen. Sie dringen dabei wenigstens eine kurze Strecke ins Wasser ein; von einem richtigen Tauchen kann indessen auch bei ihnen nicht die Rede sein.

Zuweilen bricht unter einer ruhig schwimmenden Hausenten- oder Gänseschar eine Art Panik aus: Mit heftigen Flügelschlägen fahren sie über die Wasseroberfläche dahin, versuchen dauernd zu tauchen, kommen aber nur kurze Strecken unter Wasser und steigen sofort wie Gummibälle wieder hoch. Kurzes Tauchen gelingt also nur mit äußerster Anstrengung. Nahrung aus dem Wasser, genauer vom Boden des Gewässers wird nie durch

Tauchen, höchstens durch „Gründeln" gewonnen; dabei kippt der Körper vornüber, die Hinterhälfte ragt aus dem Wasser, während mit dem Schnatterschnabel der Boden durchstöbert wird. Genau so machen es viele Wildenten und -gänse.

Indessen gibt es unter den Wildenten eine Reihe von Arten, die als „Tauchenten" ihre Nahrung aus beträchtlichen Tiefen holen (Reiherente, Tafelente). Das Gleiche gilt für die mit den Enten nahe verwandten, Fische fangenden Säger und für die zu den Rallen gehörenden bekannten Bläßhühner; mit einem kleinen Hupfer hebt sich das Bläßhuhn ein wenig vom Wasserspiegel hoch und schießt dann kopfüber in die Tiefe (Abb. 70). Viel geschickter aber benehmen sich die eigentlichen „Taucher", der Haubentaucher, der Zwergtaucher, ähnlich auch der Kormoran. Sie liegen schon beim Schwimmen recht tief im Wasser (Abb. 68),

Abb. 69. Königspinguin mit Jungem; am Flügel schuppenartige Federn statt der Schwingen.

gleiten wie weggewischt in die Tiefe und kommen meist weit von der Eintauchstelle erst wieder hoch.

Alle bisher genannten Tauchvögel — die Zahl der Arten ließe sich vermehren — können auch fliegen. Das gilt nicht mehr für die hochspezialisierten Pinguine, die, zu Lande „unbeholfen" watschelnd, zu vollendeten Beherrschern des Wasserraumes wurden; sie „fliegen" mit ihren zu Ruderflossen umgebildeten Flügeln gleichsam durch das Wasser (Abb. 69).

Das Tauchen ist für den Vogel zunächst einmal ein Gewichtsproblem. Sein Körper ist meist leichter als Wasser. Für das

94

Schwimmen unter Wasser wäre es sicherlich sehr vorteilhaft, wenn er etwa das spezifische Gewicht eins hätte (wie Wasser). Das ist nur schwer erreichbar, einerseits wegen des an die Lungen angeschlossenen Systems von Luftsäcken, die, wie wir hörten (S. 25), bis in die Knochen hineinreichen können; andrerseits wegen des Luftmantels, der zwischen den Federn festgehalten wird. Es ist indessen deutlich, daß die immer bessere Beherrschung des Wasserraumes einhergeht mit einer immer stärkeren Herabsetzung des Gewichtsunterschiedes zwischen Vogelkörper und Wasser. Das spezifische Gewicht einer Schwimmente, die also nur unter größten Anstrengungen tauchen kann, wird mit etwa 0,6, des Haubentauchers dagegen mit 0,9, des Pinguins sogar mit 0,98 angegeben. Solche Zahlen können freilich nur einen ungefähren Anhaltspunkt geben, da die wechselnde Füllung des Luftsacksystems offenbar eine Rolle spielt. Wenn wir einen Haubentaucher mit dem Boot verfolgen und so zu öfterem Tauchen zwingen, so liegt er in den Tauchpausen tiefer im Wasser als bei ungestörtem Schwimmen. In diesem Zusammenhang ist sicher nicht bedeutungslos, daß bei Tauchenten die Knochen schwerer sind als bei Schwimmenten, daß Taucher und Pinguine ganz luftfreie Knochen haben. Hinzu kommen Eigentümlichkeiten des Federkleides. Je besser das Tauchvermögen ist, desto mehr legen sich die Federn dem Körper an. Sie sind beim Haubentaucher, mehr noch beim Pinguin haarartig zerfasert.

Da die meisten tauchenden Vögel leichter bleiben als Wasser, kommt dem Antrieb, dem Motor, der den Körper unter Wasser zwingt, eine besondere Bedeutung zu. In Frage kommen die Beine oder (und) die Flügel, die beide gegebenenfalls nicht nur für den Antrieb, sondern auch für das Steuern sorgen. Lediglich der Beine bedienen sich Haubentaucher, Bläßhuhn (Abb. 70), Säger, manche Tauchenten, Kormorane. Ausschließlich Flügelantrieb finden wir bei Alken und Pinguinen. Bein- und Flügelarbeit gleichzeitig kommt vor bei manchen meerbewohnenden Tauchenten (Abb. 71).

Auffallend ist bei einer Reihe von gut tauchenden Vögeln, daß der Körper beim Zufußgehen hoch aufgerichtet ist. Die Haubentaucher und Verwandte nennt man daher auch „Steißfüße“. Das besagt, daß die Beine — praktisch nur der Lauf und die Zehen — sehr weit hinten am Körper frei werden. Das Gleiche gilt für die

sogenannten „Seetaucher"; sie haben große Ähnlichkeit mit den
Steißfüßen, sind indessen nicht unmittelbar mit ihnen verwandt,
haben auch ganze Schwimmhäute, während die Steißfüße nur
Hautlappen an den Zehen tragen („Lappentaucher").

Abb. 70. Das Bläßhuhn taucht allein mit Beinhilfe.

Bei dem tauchenden Steißfuß erfolgt der Antrieb durch die
Beine — links und rechts gleichzeitig —, also sehr weit hinten,
außerdem auch sehr weit rückenseitig. Denn der Beinstoß greift

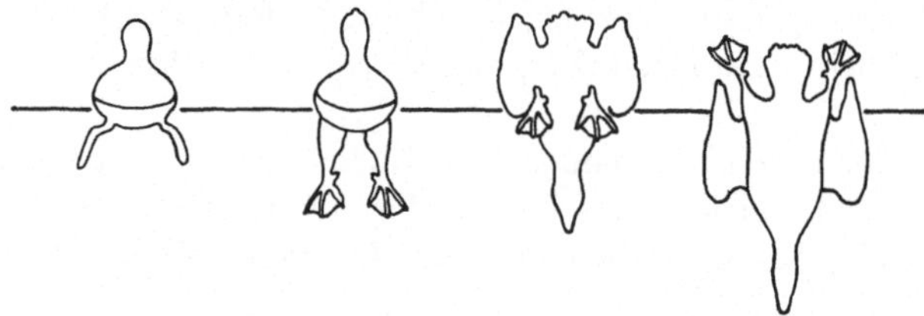

Abb. 71. Die Eiderente nimmt beim Tauchen Beine und Flügel zu Hilfe.

am Hüftgelenk an, das ganz am Rücken auf der Höhe der Wirbelsäule liegt (Abb. 73). Das ist für den Taucher deshalb von Bedeutung, weil sein Vorderkörper leichter ist als der mit mächtigen
Beinmuskeln belastete Hinterkörper. Wegen der rückenseitigen
Lage des Hüftgelenks macht aber bei jedem der sehr schnell auf-
einanderfolgenden Beinstöße der Vorderkörper eine Kippbewe-
gung nach unten. Diese Tiefensteuerung wird noch unterstützt
durch die eigentümliche Beinhaltung beim Schwimmstoß. Im

96

Augenblick des Stoßes (Abb. 72) sind die Beine gegrätscht und so gedreht, daß die Zehenspitzen fast nach oben schauen. Von der Seite gesehen stehen Lauf und Zehen weit über dem Rücken. Wie kommt diese merkwürdige Stellung zustande ?

Schon in der Ruhehaltung beim Schwimmen in Horizontallage sind die Beine etwas auswärts gegrätscht. Vor dem Stoß nach

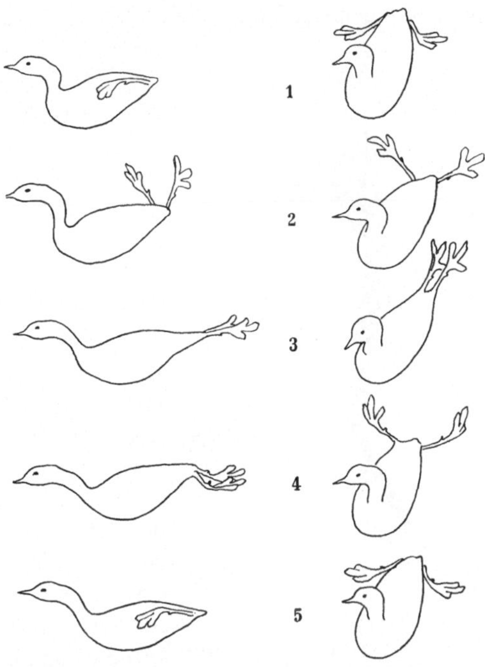

Abb. 72. Beinbewegungen eines Steißfußes beim Tauchen, links von der Seite, rechts schief von oben gesehen. 1. Ruhehaltung; 2. und 3. Tauchstoß mit Auswärtsdrehen der Beine; 4. Zurückdrehen der Beine, Rückkehr in die Ausgangsstellung 5.

hinten-oben wird das Bein unter stärkerer Beugung der Gelenke vorgebracht; der Wasserwiderstand ist dabei gering, da der Lauf, stark seitlich zusammengedrückt, eine scharfe Vorderkante besitzt und die mit Seitenlappen besetzten Zehen zusammengelegt sind. Die Einleitung zum Stoß ist ein Auswärtsrollen der Unterschenkel im Kniegelenk um etwa 90°. Der Lauf ist dann schief nach oben-außen gerichtet. Erst jetzt erfolgt die kräftige Streckung vor allem im Gelenk zwischen Unterschenkel und Lauf. Dann wird der Unterschenkel zurückgedreht und das Bein wieder in die Ausgangsstellung gebracht.

Diese sonderbare Bewegung findet ihren Ausdruck in Skelett und Muskulatur. Gelenkhöcker und Gelenkpfanne am Knie lassen eine ausgiebige Drehbewegung zu. Bei Steißfüßen und Seetauchern fällt ein hoher Knochenzapfen am Schienbein auf, der das Kniegelenk weit nach vorn überragt (Abb. 73). An seiner Bildung ist bei Seetauchern lediglich das Schienbein, bei den Steißfüßen außerdem noch die stark verlängerte Kniescheibe beteiligt. An diesen Zapfen setzt sich, vom Oberschenkel kommend, der Muskel an, der neben der Streckung im Kniegelenk vor allem das Auswärtsdrehen des Unterschenkels besorgt. Die starken Muskeln für den eigentlichen Tauchstoß, die die Streckung im Gelenk zwischen Unterschenkel und Lauf zu besorgen haben, liegen am Unterschenkel; auch sie setzen am Schienbein-

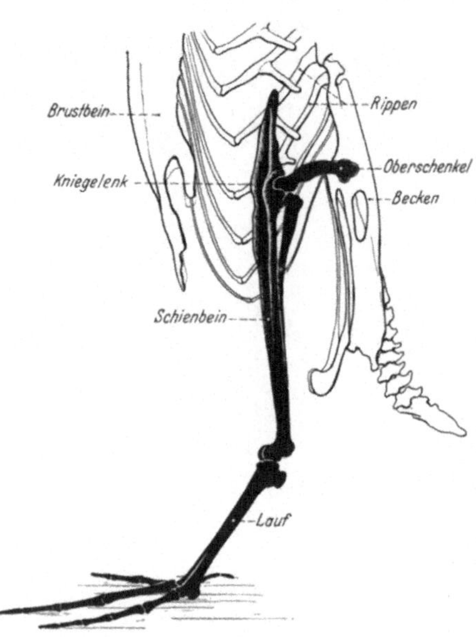

Abb. 73. Skelett des linken Beins eines Seetauchers; ein Knochenzapfen am Schienbein überragt das Kniegelenk nach oben.

knochenzapfen, besonders an dessen Vorderseite an, sind daher sehr lang und leistungsfähig. Der Hauptstreckmuskel allein macht bei dem Haubentaucher etwa ein Drittel des Gesamtgewichts der Beinmuskeln aus.

Wir hatten unsere Taucher als Beispiel für eine hochspezialisierte Anpassungsform genommen. Wir hätten uns ebensogut an andere Formen halten können, die, wie etwa der Kormoran, etwas anders konstruiert sind. Die Tauchfähigkeit der Kormorane wurde früher in Europa, wird vielleicht noch heute in Japan und

China für den Fischfang ausgenutzt. Es ist bemerkenswert, daß es bereits zur Kreidezeit einen hochspezialisierten Taucher gab (*Hesperornis*), dessen Hinterbeine ganz ähnlich gebaut waren wie bei den heute lebenden See- und Haubentauchern; bei ihm ging die einseitige Anpassung an Bewegung auf und im Wasser sogar noch weiter: seine Flügel waren stark rückgebildet. Unsere Taucher sind immerhin noch recht gute Flieger.

Eine ganz andere, in ihrer Art ebenfalls vollendete Anpassungsform stellen die Pinguine dar, Bewohner der Küsten und Eisflächen rings um den Südpol. So unbeholfen gravitätisch sie in ihrer aufrechten Haltung und mit ihrem watschelnden Gang auf dem Lande erscheinen, so gewandt und selbstverständlich bewegen sie sich im Wasser. Dabei werden die Beine, zu einer Steuerfläche zusammengelegt, nach hinten gehalten. Denn bei ihnen sind — wir erwähnten es bereits —, die Flügel der Motor, der den strömungstechnisch sehr günstig gebauten Körper mit Geschwindigkeiten bis zu zehn Sekundenmetern vorantreibt.

Der Pinguinflügel wurde zu einer schmalen flachen Flosse. Vom Unterarm bis zur Hand sind alle Knochen stark abgeflacht; die Beugefähigkeit in den Gelenken ist eingeschränkt. Große Schwungfedern fehlen ganz; die Federn besonders am Hinterrand der Flügel sind kleine schuppenartige Gebilde. Die Flügel erzeugen unter Wasser den Vortrieb so, wie wir es beim Flug in der Luft kennen gelernt hatten. Dabei folgen die Schläge auch bei großen Arten sehr rasch aufeinander; beim großen Königspinguin wurden etwa 120, bei kleineren Arten an die 200 in der Minute gezählt. Sicherlich aber vermag jeder Pinguin Zahl und Mächtigkeit der Schläge weitgehend den jeweiligen Erfordernissen anzupassen.

Wie bei Vögeln gibt es auch bei Säugetieren eine Reihe von Arten, die vor allem zum Nahrungserwerb gerne ins Wasser gehen und sich hier mehr oder weniger trefflich zu bewegen wissen. Die Wasserspitzmaus, wie alle Spitzmäuse ein gewaltiger Räuber, geht im Wasser geschickt der Jagd auf kleine Fische und Wasserinsekten nach. Das sehr dichte Haarkleid schimmert unter Wasser silbrig von zahllosen kleinen Luftbläschen, die zwischen den Haaren hängen und sicherlich auch Schutz gegen Wärmeabgabe bieten. Zum Schwimmen benutzt sie vor allem die Hinterbeine, die zwar keine Schwimmhäute besitzen, dafür aber an den Seiten zur

Vergrößerung der Ruderfläche steife Haare tragen, die den Landspitzmäusen fehlen. Der etwa körperlange Schwanz, an sich drehrund, ist unterseits mit besonders langen Haaren besetzt; er wird dadurch zu einem seitlich abgeflachten Steuerorgan. Ähnlich ist es bei der Bisamratte; sie ist ursprünglich in Nordamerika beheimatet, heute aber bei uns durchaus nicht selten. Ebenfalls zu den an das Wasserleben angepaßten Nagern gehört der Biber, bei dem indessen der Steuerschwanz, die „Kelle", von oben nach unten abgeflacht ist.

Ein Fischotter tummelt sich im Wasser, ein bezauberndes Bild von Geschicklichkeit und Eleganz. Bei ihm tragen die Füße richtige Schwimmhäute, wie übrigens auch beim Biber. Daneben aber spielen Schlängelbewegungen des langgestreckten Körpers, unterstützt durch den Schwanz, eine gewisse Rolle. Ebenfalls zu den Raubtieren gehören die Robben, etwa unser bekannter Seehund. Bei ihm ist die Anpassung an das Leben im Wasser viel weiter gediehen als bei Fischotter und Biber. An einem torpedoförmigen Körper mit kurzem dicken Hals sitzen die flossenartigen, mit breiten Schwimmhäuten zwischen den langen Fingern und Zehen versehenen Beine. Da ihre körpernahen Skeletteile verhältnismäßig kurz und weitgehend in der Muskulatur verborgen sind, wird die gleichmäßige Kontur des Körpers nur durch die Flossen unterbrochen. Beim Schwimmen werden die Hinterbeine zu einer Art Schwanzflosse nach hinten zusammengelegt und unterstützen die schlängelnden Körperbewegungen.

Alle tauchenden Säuger können unter Wasser die Nasenlöcher, viele auch durch besondere Vorrichtungen die Gehörgänge verschließen. Alle können sich ferner sicherlich durch entsprechende Lungenfüllung zu Zeiten so leicht machen, daß sie ruhig unmittelbar unter dem Wasserspiegel hängen, können sich aber auch ohne Schwierigkeit an den Grund legen. Die hydrostatische Bedeutung der Lungen ist nicht zu unterschätzen (S. 102). Mehr noch wird das gelten für die Wale (S. 84), die am besten angepaßten Wassersäuger. Bei ihnen liegt das Zwerchfell nicht quer im Körper, sondern zieht schief nach hinten oben. Die Lungen reichen weit nach hinten und können nach ihrer Lage mit der Schwimmblase der Fische verglichen werden. Kurzum, man wird die Wale, zeitweilig sicher auch manche Taucher aus andern Tiergruppen, als echte Schweber bezeichnen können.

Die Schweber

In Süßwassertümpeln lebt ein winziges, amöbenartiges, einzelliges Wesen (*Arcella*, Abb. 74), das in einem flachen, selbstgebauten Haus wohnt. Durch eine Öffnung an der Unterseite streckt es die plasmatischen Scheinfüßchen hervor und kriecht mit ihnen auf der Unterlage entlang. Es mag einmal geschehen, daß das Tierchen auf den flach gewölbten Rücken fällt. Das ist auf einer ebenen Unterlage ein Unglück, da es sich ebensowenig wie eine auf den Rücken gelegte Schildkröte in die Normallage zurückstrampeln kann. Was geschieht? Im Zelleib entstehen, gewöhnlich auf einer Seite, winzige Gasblasen; sie werden größer, heben schließlich den Körper seitwärts hoch, so daß er auf der Kante steht und die Scheinfüßchen den Boden fassen können. Alsbald ist die Normallage hergestellt. Die Gasblasen verschwinden.

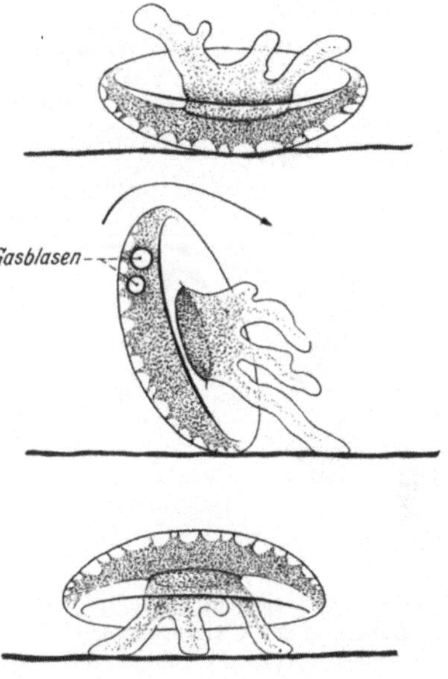

Abb. 74. Das Schalentierchen *Arcella* kann sich, auf den Rücken gefallen, mit Hilfe von Gasblasen wieder aufrichten.

Arcella lebt nicht im freien Wasserraum. Bei der nahe verwandten Gattung *Difflugia* aber kommt, ebenfalls durch Gasblasen, wirklich freies Flottieren vor. Diese Beispiele zeigen, wie durch Einlagerung eines sehr leichten Stoffes das Übergewicht des Körpers gegenüber dem Wasser herabgesetzt, ja, vollkommen beseitigt werden kann. Lebewesen, die auf diese Weise ihr Gewicht gleich dem des Wassers machen können, wollen wir als „Schweber" im eigentlichen Sinne des Wortes bezeichnen.

Es liegt auf der Hand, daß die Dinge ungleich günstiger liegen für Aufenthalt im Wasser als in der Luft. Es gibt viele Stoffe, die leichter sind als Wasser und daher zur „Ballon"füllung benutzt werden können; aber es gibt in der natürlichen Umwelt kaum Gase, die leichter sind als Luft. Es ist kein Lebewesen bekannt, das nach dem Ballonverfahren eine Luftfahrt macht. Echte Schweber gibt es daher nur im Wasser. Der Vollkommenheitsgrad des Schwebens aber ist sehr verschieden.

Schweben durch Luftatmungsorgane

Viele Wassertiere sind Luftatmer und müssen daher in ihren Atmungsorganen oder sonst irgendwo am Körper einen gewissen Luftvorrat mitführen. Das gilt für manche Wasserschnecken, viele Wasserinsekten, erwachsene Amphibien, manche Kriechtiere (Wasserschlangen, Wasserschildkröten) und für die bereits erwähnten Taucher unter den Vögeln und Säugern, einschließlich der hochangepaßten Wale. Der Luftvorrat im oder am Körper muß sich natürlich auf das Übergewicht auswirken.

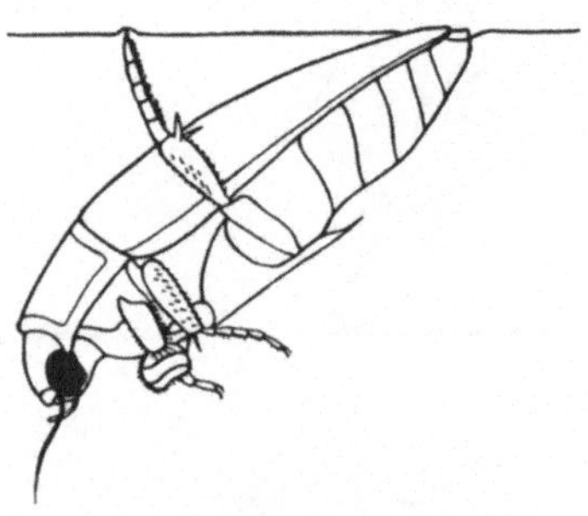

Abb. 75. Der Gelbrandkäfer (*Dytiscus*) nimmt an der Wasseroberfläche Atemluft unter die Flügeldecken.

Fast alle erwachsenen Wasserinsekten, das sind vor allem Wanzen und Käfer, müssen zum Luftholen immer wieder an die Wasseroberfläche; auf ihre Schwimmorgane hatten wir bereits hingewiesen (S. 66). Während die Wasserwanzen den Luftvorrat hauptsächlich im Haarbelag des Körpers mitnehmen, benutzen die Wasserkäfer dazu vorzüglich den Raum unter den Flügeldecken (Abb. 75). Von hier aus tritt dann die Luft durch besondere Öffnungen (Stigmen) in das System der Luftröhren (Tracheen) ein, das den Körper durchzieht und der Atmung dient. Der mitgenommene Luftvorrat ist in der Regel so groß, daß die Tiere leichter sind als Wasser. Sie haben dann Mühe genug, sich durch Schwimmstöße unter Wasser zu halten; sie müssen sich zum Ausruhen an Wasserpflanzen oder am Boden festhalten, um das Hochgetriebenwerden zu verhindern. Die Stärke des Auftriebs ist bei verschiedenen Wasserkäfern verschieden. Je besser die Anpassung an die Bewegung im Wasser auch im Körperbau Ausdruck findet, desto besser ist das spezifische Gewicht dem des Wassers angeglichen. Bei dem vorzüglich schwimmenden Gelbrand beträgt es im Mittel 0,97 bis 0,99; der Käfer ist also im Wasser ausgezeichnet ausbalanciert.

Das Gleiche gilt für die Gelbrandlarve (spezifisches Gewicht im Mittel 0,98), die, wie manche anderen Wasserinsektenlarven, regelmäßig an der Oberfläche Luft schöpfen muß. Sie speichert die Luft aber nicht außen am Körper, sondern vor allem in den beiden Hauptlängsstämmen des Atemröhrensystems. In einer vernachlässigten Regentonne kann man im Sommer oft ein dichtes Ge-

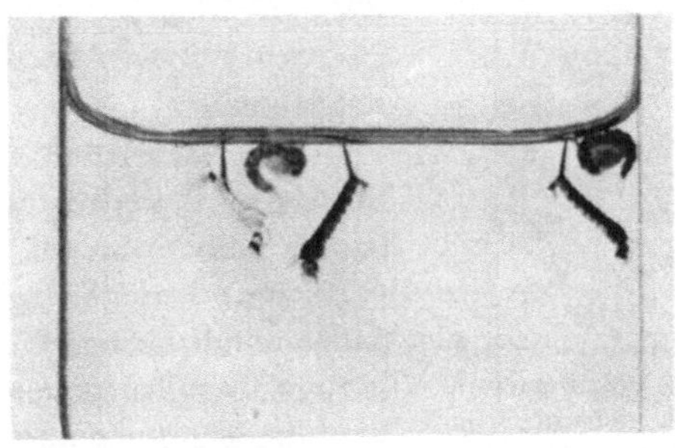

Abb. 76. Zwei Larven und zwei Puppen der Stechmücke, die Larven kopfunter zur Luftaufnahme am Wasserspiegel hängend; die gekrümmten Puppen atmen durch zwei kleine Hörnchen dicht hinter dem Kopf. Links von der linken Puppe hängt noch die leere Larvenhaut, aus der sie soeben geschlüpft ist.

wimmel von Mückenlarven und -puppen finden (Abb. 76). Sie bringen die offenen Mündungen ihrer Atemröhren mit der Luft in Berührung, die Larven mit einem besonderen Atemschornstein am Hinterende des Körpers, die Puppen mit zwei Hörnchen am Hinterende des Kopfes.

Bei manchen Mückenlarven kann man sehr schön verfolgen, wie das System der Luftröhren seine ursprüngliche Aufgabe als Atmungsorgan verliert und schließlich zu einem reinen Schwebeorgan wird, wie also die Nebenerscheinung zur Hauptaufgabe wird (Abb. 77). Bei den Larven unserer Stechmücke (*Culex*) haben die Luftröhrenlängsstämme überall annähernd die gleiche Stärke und geben viele Seitenzweige an die Organe ab. Die Larven hängen kopfabwärts (Abb. 76), da das dickere Vorderende am schwersten ist. Bei den *Mochlonyx*-Larven sind die Hauptatemröhren vorn und hinten erweitert. Bei den *Corethra*-Larven endlich (Abb. 78) sind die beiden Hauptstämme zu ganz dünnen Strängen geworden; die von ihnen abgehenden Seitenzweige sind weitgehend rück-

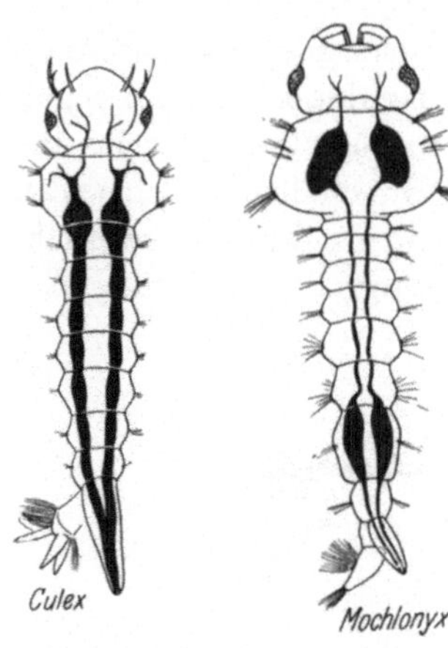

Abb. 77. Mückenlarven in Rükkenansicht, die Hauptstämme der Atemröhren schwarz; bei *Mochlonyx* bereits deutlich Ausbildung von Schwimmblasen.

gebildet. Vorn und hinten aber sind die Längsstämme zu je zwei großen gasgefüllten Blasen aufgebläht, die lediglich die Aufgabe haben, das Tier waagerecht in der Schwebe zu halten. Die Atmung erfolgt durch die Körperoberfläche. Wir werden uns mit der Arbeitsweise dieser „Schwimmblasen" später noch beschäftigen.

Wenn sich Kröten, Frösche und Molche zur Laichzeit im Wasser aufhalten, sieht man, wie sie sich mit Hilfe ihrer Lungen bald schwerer, bald leichter als das Wasser machen können. Das Gleiche zeigen gelegentlich die Kaulquappen. Auch viele Wasserschildkröten (Abb. 79) sind vorzügliche Schwimmer. Sie benutzen zum Schwimmen die Beine, die bei Süßwasserformen Schwimmhäute zwischen den Zehen tragen, bei den Meerschildkröten aber zu flachen, flossenartigen Gebilden wurden; das gilt besonders für die Vorderbeine, die in der Form sehr an die Schwimm-

Abb. 78. Glasklar durchsichtige Larve der Mücke *Corethra*, Seitenansicht; je ein Paar Schwimmblasen vorn und hinten im Körper.

flügel der Pinguine erinnern. Die am besten an das Schwimmen angepaßten Schildkrötenarten—Schlangenhalsschildkröte, unechte Karettschildkröte—füllen ihre großen Lungen, die unter der Wölbung des Rückenpanzers liegen und den Tieren beim Schwimmen eine stabile Gleichgewichtslage verleihen, gerade soweit, daß sie etwa das spezifische Gewicht des Wassers haben. Es scheint also, daß sie die Lungenfüllung auf das Übergewicht abstimmen. Versuche mit künstlicher Belastung zeigen, daß das wirklich so ist. Hängt man einer Wasserschildkröte ein nicht zu großes Gewicht an den Bauchpanzer, so ist sie zunächst zu schwer, hat Mühe, zum Atmen die Oberfläche zu erreichen, schwimmt aber alsbald so leicht und

Abb. 79. Die Sumpfschildkröte (*Emys*) ist je nach dem Ausmaß der Lungenfüllung bald schwerer, bald leichter als Wasser.

gewandt wie normal. Bei Entfernung des Gewichts ist sie zunächst zu leicht; aber auch das ist nach kurzer Zeit durch geringere Lungenfüllung behoben. Manche Schildkröten können sogar eine nicht zu starke einseitige Belastung ausgleichen, offenbar durch stärkere Füllung des Lungenflügels der belasteten Seite. Mit gleichem Erfolg wurden Belastungsversuche — immer natürlich in gewissen Grenzen —, auch bei Wasserwanzen, großen Wasserkäfern und ihren Larven durchgeführt: auch hier Ausgleich der Belastung durch Mitführen einer größeren Luftmenge. Die Stärke des Auf- oder Abtriebs wird also offenbar wahrgenommen. Bei den bekannten Rückenschwimmern (Abb. 43) ist diese Fähigkeit wichtig für die Regelung des Atemholens. Kurz nach dem Luftschöpfen an der Wasseroberfläche ist der Auftrieb vergleichsweise groß; er nimmt unter Wasser durch Verbrauch der Atemluft ab. Neuaufstieg zum Luftschöpfen erfolgt immer dann, wenn der Auftrieb eine ganz bestimmte Größe erreicht hat; dann „weiß" das Tier, daß es Zeit ist zum Luftholen.

Daß auch bei den guten Tauchern unter den Vögeln und Säugern die Lungen bis zu einem gewissen Grade die Bedeutung von Schwebeorganen haben, daß insbesondere durch wechselnde Lungenfüllung das spezifische Gewicht des Tieres in gewissem Ausmaß „nach Wunsch" geändert wird, ist nicht zu bezweifeln und wurde bereits erwähnt. Es ist des öfteren beschrieben, daß manche Wale zum Schlafen an der Oberfläche treiben, sich aber bei Gefahr einfach absacken lassen.

Staatsquallen

Zu den bezauberndsten Bewohnern warmer Meere gehören die Röhren- oder Staatsquallen *(Siphonophoren)*. Sie sind meist äußerst zarte, glasklar durchsichtige Tiere von höchst verwickeltem Bau (Abb. 80). Man muß sie wohl als einen Tierstock, als einen Verband von Einzeltieren mit freilich sehr verschiedener Gestalt auffassen. Allen Staatsquallen gemeinsam ist ein meist langgestreckter röhrenförmiger muskulöser Stamm als Träger einer Vielzahl von Gebilden. Da gibt es am oberen Ende medusenartige Schwimmglocken, bei verschiedenen Arten in wechselnder Zahl; polypenartige Freßstücke sind in regelmäßigen Abständen verteilt, in ihrer Nähe lange zusammenziehbare Fangfäden, die mit knotenförmigen, zuweilen lebhaft gefärbten Nesselkapselbatterien besetzt sind. Jede Nesselkapsel trägt aufgerollt in ihrem Innern einen Faden, der auf Reiz hin ausgeschleudert wird und die Beute, etwa einen kleinen Krebs, lähmt und festhält und schließlich den Freßstücken zuführt. Ferner sitzen am Stamm die Träger der Geschlechtsorgane und schließlich oft sehr zahlreiche blattförmige, dem Schutz dienende Deckstücke, die, ebenso wie die Wände der Schwimmglocken, aus einem gallertartigen Stoff bestehen.

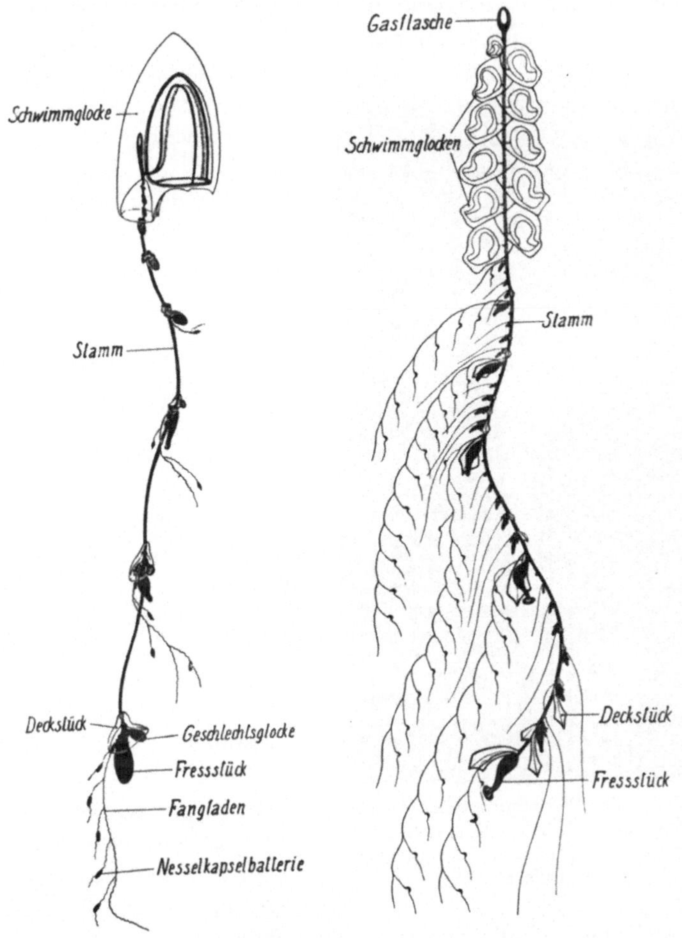

Abb. 80. Aufbau von Staatsquallen, vereinfacht. Links eine Form ohne, rechts mit Gasflasche.

Eine Art ist das Pferdehuftierchen (*Hippopodius*, Abb. 81). Sein kurzer Stamm trägt eine Anzahl pferdehufförmiger Schwimmglocken verschiedener Größe, die in eigentümlicher Weise so ineinandergeschachtelt sind, daß eigentlich nur die beiden untersten

107

und größten durch Zusammenziehen des Glockenrandes nach
Medusenart zum aktiven Schwimmen frei sind. Das Tierchen ist
indessen träge. Es schwebt ungereizt vollkommen frei und ruhig,
wobei die Fangfäden lang herabhängen. Das Schweben wird
möglich durch die Schwimm-
glocken, aber nicht durch
deren aktive Bewegung, sondern durch die Gallertmasse,
aus denen sie bestehen; denn
diese ist leichter als Wasser.
Eine losgelöste Glocke steigt
passiv an die Oberfläche; der
Stamm aber mit den Freß-
stücken und Fangfäden ist, für
sich genommen, schwer und
sinkt zu Boden.

Ein wenig anders liegen die
Dinge bei einer andern Art,
Galeolaria. Am Vorderende
des sehr langen Stammes
sitzen meist zwei große
Schwimmglocken. Am Stamm
aber stehen aufgereiht zahlreiche sogenannte „Stamm-
gruppen", dicht hinter den
Schwimmglocken die jüng-
sten, noch nicht voll ent-

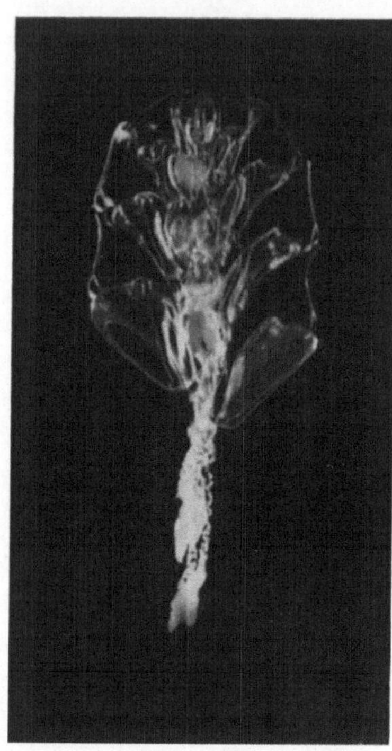

Abb. 81. Das Pferdehuftierchen *Hippo
podius*, eine Staatsqualle; natürliche
Länge des Schwimmglockenteils
$1^1/_2$ bis 2 cm.

wickelten. Jede fertige Stammgruppe besteht aus Freßstück,
Fangfaden, Geschlechtsorgan-
träger und einem das Ganze
mantelartig umhüllenden gallertigen Deckstück (Abb. 82). Auch
Galeolaria schwebt ungestört frei. Von dem meist girlandenartig
waagerecht liegenden Stamm hängt der Wald der ständig sich
verkürzenden und wieder streckenden Fangfäden herab, ein reiz-
volles Bild. Die Schwimmglocken können frei schweben. Nur
das vorderste Stammende mit den noch unfertigen Stammgruppen,
dicht hinter den Schwimmglocken, hängt nach unten durch. Die

Zergliederung zeigt auch hier, daß manche Körperteile schwerer, andere dagegen leichter sind als das Meerwasser und das Ganze tragen. Zu den leichten Teilen gehören die Schwimmglocken und die Deckstücke der älteren Stammgruppen; jede einzelne Stammgruppe kann für sich schweben, getragen von ihrem Deckstück. Auch hier bestehen Deckstücke und Schwimmglocken wieder aus einem gallertigen Stoff.

Es ist auffallend, wie häufig bei Meerestieren gallertige Stoffe am Aufbau des Körpers beteiligt sind. Bei den großen Schirm-

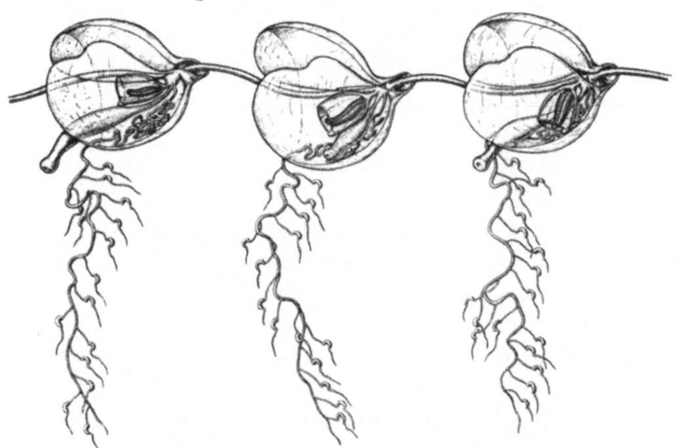

Abb. 82. Drei Stammgruppen der Staatsqualle *Galeolaria*, jede Stammgruppe mit Freßstück, Fangfaden, Geschlechtsglocke und einem alles umhüllenden gallertigen Deckstück, das leichter ist als Wasser.

quallen, bei Rippenquallen und bei manchen Manteltieren (besonders bei den freischwimmenden Salpen) treten sie noch stärker in Erscheinung als bei den Staatsquallen. Keineswegs sind alle Gallerten leichter als Meerwasser, haben aber wegen des hohen Wassergehalts (bei der Ohrenqualle, *Aurelia aurita*, aus der Ostsee 98,22%) nur ein geringes Übergewicht. Worauf die Leichtigkeit der Staatsquallengallerte in den angeführten Beispielen beruht, ist nicht bekannt.

Auch bei Süßwassertieren kommen bisweilen mächtige Gallertmassen vor. Bekannt sind die Gallerthüllen vom Froschlaich. Weniger bekannt ist das Schleimkrebschen *Holopedium gibberum*, bei dem die alten abgehobenen Häute gallertig aufquellen; diese sollen als „Schwebeapparat" wirken. Sicherlich wird auf solche Weise die Sinkgeschwindigkeit herabgesetzt, aber nicht vollkommen aufgehoben. Die Aussichten, auf diese Weise zu einem echten Schweben zu kommen, sind in dem sehr salzarmen und daher leichten Süßwasser gleich Null. Es ist auch kein einwandfreier Fall von Schweben mit Hilfe von Gallerte bei Süßwasserlebewesen bekannt.

Radiolarien

Neben den bezaubernden Staatsquallen sind die Radiolarien besonders reizvolle Meeresbewohner. Das sind in der Regel sehr kleine einzellige Tierchen, von denen die meisten durch ihre zierlichen und äußerst mannigfaltigen Skelettbildungen — aus Kieselsäure, in manchen Fällen absonderlicherweise aus Strontiumsulfat — immer wieder das Entzücken der Beschauer erregen. Ihnen fehlt jedes Organ zur aktiven Fortbewegung. Und doch findet man sie, trotz der Belastung durch das schwere Skelett, frei flottierend im Meer, besonders in den oberen Schichten. Wie ist das möglich?

Einerseits spielt natürlich die Kleinheit, in vielen Fällen die bizarre Gestalt eine gewisse Rolle. Darüber hinaus aber besitzen sie richtige Schwebeorgane. Bei dem skelettlosen Schaumtierchen (*Thalassicola*, Abb. 83) ist die Art des Schwebens recht gut bekannt. Um einen zentralen Körperteil herum liegt ein dicker Mantel, der aus unzähligen Bläschen besteht; jedes Bläschen hat eine plasmatische Wand; der Inhalt ist eine wäßrige Flüssigkeit. Der Bläschenmantel ist also ein Schaum, ein inniges Gefüge zweier Stoffe, die sich nicht miteinander mischen.

Wenn das Tierchen schwebt, trägt es einen dicken Schaummantel. Nach Reizung, etwa durch Schütteln, nimmt die Bläschenzahl ab, zugleich sinkt es in die Tiefe. Läßt man es jetzt in Ruhe, so entstehen wieder mehr Bläschen, und wir werden schließlich das Tierchen wieder aufsteigen sehen. Man kann auch den innersten Teil der Zelle, die Zentralkapsel, herauspräparieren: sie sinkt zu Boden, der Schaummantel für sich aber steigt an die Oberfläche. Nach und nach bildet die Zentralkapsel eine neue Bläschenhülle; damit stellt sich schließlich auch die Fähigkeit zum Schweben wieder ein. Ohne Zweifel ist also die Schwebefähigkeit an den

Bläscheninhalt gebunden, da ja das Plasma selbst immer schwerer
bleibt als das Meerwasser (S. 2).

Etwas anders, aber grundsätzlich ähnlich liegen die Dinge bei
den Acantharia, einer anderen Gruppe der Radiolarien. In Abb. 84
sehen wir zwei verschiedene Schwebezustände; der verschiedene
Zellsaftgehalt ist hier gekoppelt mit dem verschiedenen Verhalten

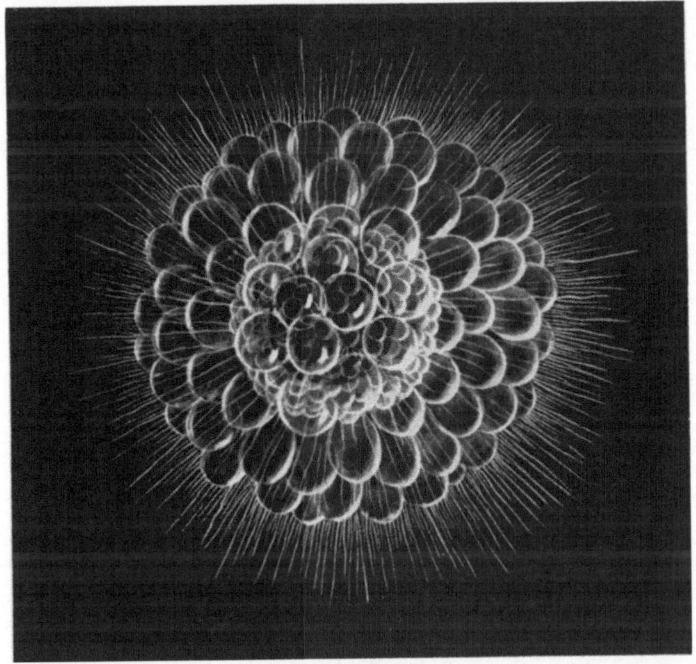

Abb. 83. Das Schaumtierchen *Thalassicola*, ein skelettloses Radiolar. Die
dunkle Zentralkapsel ist von einem Bläschenmantel umgeben, der dem Tier
das Schweben ermöglicht. Natürliche Größe etwa 2 mm.

verkürzbarer Muskelfäden. Diese sind an den Skelettnadeln befestigt. Bei ihrer Verkürzung wird der ganze äußere Plasmamantel
mit den Zellsaftbläschen vorgezogen, also umfangreicher: das
Tierchen steigt auf oder schwebt. Erschlaffen die Muskelfäden,
so schrumpft die Außenschicht: das Tier sinkt ab.

Der Bläscheninhalt ist bei diesen Radiolarien offenbar leichter
als das Meerwasser. Worauf das beruht, ist in diesem Fall nicht

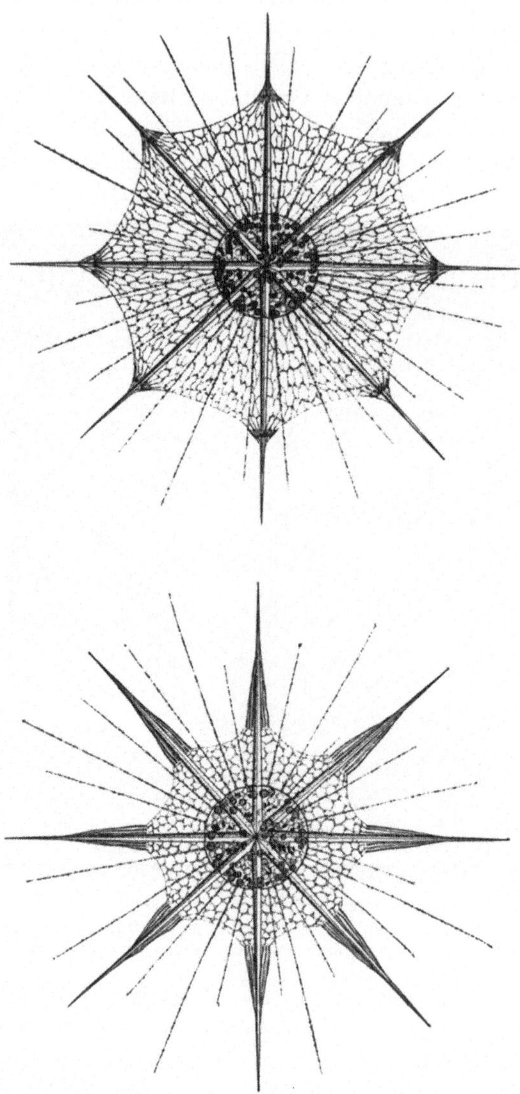

Abb. 84. Ein Radiolar aus der Gruppe der Acantharia. Unten: Muskelfäden erschlafft, äußerer Bläschenmantel dünn, das Tier ist schwerer als Wasser: Oben: Muskelfäden verkürzt, äußerer Bläschenmantel dick, das Tier schwebt oder steigt auf.

genau bekannt. Das gleiche Verhalten hat man aber bei einem anderen einzelligen Meeresbewohner gefunden, bei *Noctiluca* (Abb. 85), einem Geißeltierchen, das oft in ungeheuren Mengen auftritt und bekannt ist als einer der Erzeuger des Meeresleuchtens (*Noctiluca* = die in der Nacht Leuchtende). Es ist reichlich Zellsaft vorhanden, hier freilich nicht in einem äußeren Bläschenkranz, sondern in vielen Safträumen im Innern der Zelle.

Noctiluca ist in der Regel ein wenig leichter als das Meerwasser; es ist nachgewiesen, daß das auf dem geringen spezifischen Gewicht des Zellsaftes beruht. Die Eigenbewegung durch die winzige Geißel — der kräftige „Tentakel" spielt dabei keine Rolle — darf füglich vernachlässigt werden. Die Leichtigkeit des Zellsaftes könnte auf zwei Wegen zustande kommen. *Noctiluca* lebt in einer Salzlösung (Adriawasser zum Beispiel hat einen Salzgehalt von etwa 3,8 %). Wir wissen, daß verschieden konzentrierte Salzlösungen verschieden schwer sind. Es könnte sein, daß die Leichtigkeit des Zellsaftes — vielleicht auch der Staatsquallengallerte — auf einem geringeren Salzgehalt im Vergleich zum Meerwasser be-

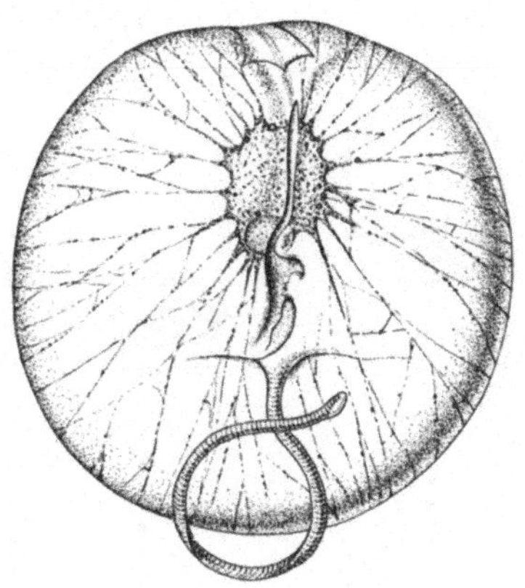

Abb. 85. Das Leuchttierchen *Noctiluca* mit vielen Safträumen im Innern, die dem Tier das Schweben ermöglichen.

ruht. Voraussetzung hierfür wäre die Fähigkeit der Zelle, Konzentrationsunterschiede zwischen innen und außen zu schaffen und aufrecht zu erhalten. Daß das an sich möglich ist, zeigen uns die Süßwassertiere: sie haben im Inneren stets eine andere, in diesem Fall höhere Salzkonzentration als ihr Lebenselement, das sehr salzarme Süßwasser. Konzentrationsunterschiede zu bewahren, ist eine fundamentale Fähigkeit der lebenden Zellen.

Zurück zu *Noctiluca*. Hier hat sich nun freilich gezeigt, daß die Salzkonzentration des Zellsaftes ziemlich genau mit der des Meerwassers übereinstimmt. Es muß hier noch eine andere Möglichkeit geben, den Zellsaft leicht zu machen. Gleiche Salzkonzentration heißt: gleiche Zahl gelöster Teilchen in der Raumeinheit. Die Gesamtsalzkonzentration setzt sich sowohl im Meerwasser wie im Zellsaft aus verschiedenen Salzen zusammen. Nun ist aber eine Kochsalzlösung (Natriumchlorid) leichter als eine gleich konzentrierte Lösung von Kaliumchlorid, eine Ammoniumchloridlösung leichter als eine Kochsalzlösung. *Noctiluca* macht ihren Zellsaft leicht durch eine Anreicherung von Ammoniumchlorid. Grundsätzlich Ähnliches fand man bei zwei einzelligen kugel- bis birnförmigen Meeresalgen (Durchmesser ca. $^{1}/_{2}$-1 cm), die im Inneren große Zellsafträume haben. Die eine heißt *Halicystis osterhoutii*, die andere *Valonia macrophysa*. Beide sind in der Regel am Boden festgewachsen. Losgerissen vermag *Halicystis* zu schweben, *Valonia* dagegen liegt zu schwer am Boden. Die Zusammensetzung der Zellsäfte ist genau bekannt. Bei beiden Arten ist die Gesamtsalzkonzentration etwa gleich der des Meerwassers, zuweilen sogar etwas höher. Der *Halicystis*-Zellsaft aber ist leichter, der *Valonia*-Zellsaft schwerer als Meerwasser und zwar deshalb, weil bei *Halicystis* Natriumchlorid, bei *Valonia* dagegen Kaliumchlorid überwiegt.

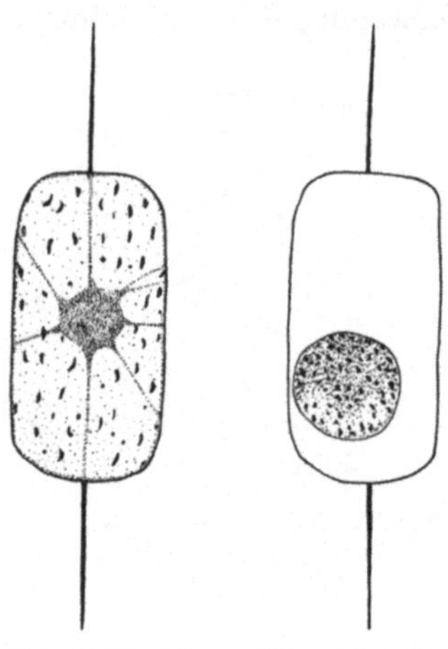

Abb. 86. Die Meeres-Kieselalge *Ditylum brightwelli*, links schwebend mit großen Zellsafträumen; rechts absinkend mit geballtem Plasma.

Vielleicht gibt es aber auch die andere oben erwähnte Möglichkeit eines Schwebemechanismus: durch Verdünnen des Zellsaftes. Bei der im Meere lebenden einzelligen Kieselalge (Diatomee) *Ditylum brightwelli* gibt es zwei verschiedene Zustandsformen (Abb. 86): bei der Schwebeform füllt das Plasma die ganze Schale aus und ist mit großen Safträumen versehen. Unter bestimmten Bedingungen schwinden die Vakuolen, das Plasma ballt sich zu einer Kugel zusammen; in diesem Zustand sinkt die Zelle ab. Dies Zusammenballen findet immer statt, wenn die Zelle in eine Salzlösung kommt von anderer Zusammensetzung oder anderer Konzentration (stärker oder geringer) als Meerwasser, auffallenderweise

114

aber auch dann, wenn sie länger als 15—22 Stunden völlig dunkel gehalten wird. Kieselalgen sind assimilierende Pflanzenzellen, die für die Aufrechterhaltung ihrer Lebensvorgänge auf Licht angewiesen sind. Es scheint also, daß die durch Assimilation geschaffenen Reservestoffe nötig sind für das Bewahren der Saftvakuolen und damit des Schwebevermögens. In diesem Falle besteht Grund zu der Annahme, — die freilich durch Analysen nicht erhärtet ist —, daß sich in den Saftvakuolen fast reines, also salzarmes und daher vergleichsweise leichtes Wasser befindet.

Wir hatten an einigen Meeresbewohnern Schweben mit Hilfe leichter wässeriger Flüssigkeiten kennen gelernt. Sehr bemerkenswert ist die Fähigkeit, den Schwebezustand zu ändern, besonderen Bedingungen anzupassen. Das war schon erwähnt für Radiolarien als Reaktion auf mechanische Reizung. Setzt man *Noctiluca* in etwas verdünntes Meerwasser, so ist sie begreiflicherweise zunächst etwas zu schwer; verdünntes Meerwasser hat ja ein geringeres spezifisches Gewicht. Bald aber beginnen die Zellen auch in der neuen Umgebung wieder aufzusteigen. Offenbar hat sich nicht so sehr die Menge als die Zusammensetzung des Zellsaftes in Anpassung an die veränderte Umgebung geändert. Wir tun gut, uns klar zu machen, daß diese Anpassungsfähigkeit eine erstaunliche Leistung ist und uns einen Blick tun läßt in die geheimnisvollen chemisch-physikalischen Vorgänge in den Zellen. Das Sichanpassenkönnen ist aber zugleich ein Wesensmerkmal derjenigen Gruppen von Wassertieren, die wir als echte Schweber bezeichnen. Wir werden weitere Beispiele kennen lernen.

Fett schwimmt oben

Wenn schon ein Schweben mit leichten Flüssigkeiten (Zellsäfte, Gallerte) möglich ist, so scheint es naheliegend, daß die Natur sich der Öle und Fette, die stets leichter sind als Wasser und als Reservestoffe weit verbreitet sind, als Schwebemittel bedient. Es ist in diesem Zusammenhang bemerkenswert, daß bei den assimilierenden Kieselalgen als Speicherstoff nicht die schwere Stärke, sondern Fett auftritt; daß im Innenplasma von Radiolarien sehr häufig Fettröpfchen zu finden sind, ebenso in manchen Fischeiern, die frei im Wasser flottieren. Bei den als Zierfische von den Aquarianern gerne gehaltenen Makropoden, insbesondere bei der

Art *Macropodus opercularis*, haben die Jungen während der vier ersten Lebenstage dicht am Darm einen zuerst unpaaren, dann paarigen Ölbehälter; er bewahrt sie bis zur Füllung der Schwimmblase mit Gas vor dem Absinken und verschwindet dann bald. Vom Riesenhai, der sich von den Kleinlebewesen des Meeres ernährt, wird behauptet, daß ihn seine dicke Fettschicht zum regungslosen Sichtreibenlassen an der Oberfläche befähigt. Im Allgemeinen aber wird Fett oder Öl selten als Schwebemittel verwendet. Vielleicht liegt das daran, daß es schwer ist, die Fettmenge und damit das spezifische Gewicht schnell zu verändern.

Noch einmal die Staatsquallen

Eine Reihe von Staatsquallen macht das Schweben ganz anders als vorher beschrieben (Abb. 80). Diese Formen besitzen am oberen Stammende, über der Reihe der Schwimmglocken, ein gasgefülltes Organ; wir wollen es einfach als „Gasflasche" bezeichnen. Schneidet man die Gasflasche ab, so sinkt bei manchen Arten (*Stephanomia*, Abb. 87) der Stamm mit allen seinen Anhängen zu Boden. Bei wohlgefüllter Gasflasche schwebt das ganze Prachtgebilde gewöhnlich gerade unter der Wasseroberfläche. Bei der hier abgebildeten *Stephanomia* hat die Gasflasche etwa die Größe eines kleinen Stecknadelkopfes. Es gibt indessen andere Formen mit riesigen, faustgroßen Gasblasen, die dann über die Wasseroberfläche hinausragen, als Windfang dienen können und mit denen diese „Portugiesische Galeere" (*Physalia*) vor dem Winde dahintreibt. *Physalia* würde man dann kaum noch zu den „Schwebern" sondern zu einer Gruppe der ständig „Überkompensierten" zu rechnen haben.

Wenn man eine *Stephanomia* reizt durch Schütteln des Wassers oder durch Berühren, so wird meistens über kurz oder lang am oberen Ende der Gasflasche ein Gasbläschen austreten (Abb. 88) und sich ablösen; dann sinkt das Tierchen, zu schwer geworden, zu Boden. Läßt man es in Ruhe, so kann man es schon nach 15 bis 30 Minuten in der früheren Stellung unter der Wasseroberfläche hängend finden. Die Gasmenge in der Gasflasche muß also wieder größer geworden sein. Mit bloßem Auge wird man kaum sehen, was dabei geschieht. Aber man kann an einer abgeschnittenen Gasflasche unter dem Mikroskop das Gas vorsichtig

ausdrücken und dann sehr schön die erstaunliche und eindrucksvolle Neufüllung der Gasflasche beobachten (Abb. 89).

Im Boden der Gasflasche (Abb. 90), unterhalb des von einer
besonderen Wand umkleideten Gasraumes, liegt ein Gewebe,
dessen Zellen durch einen körnigen Bau
des Protoplasmas ausgezeichnet sind.
Zwischen diesen Zellen entstehen explosionsartig neue Gasblasen, die sehr
schnell größer werden, sich einen Weg
durch die leicht gegeneinander ver-
schieblichen Zellen bahnen und in kurzer

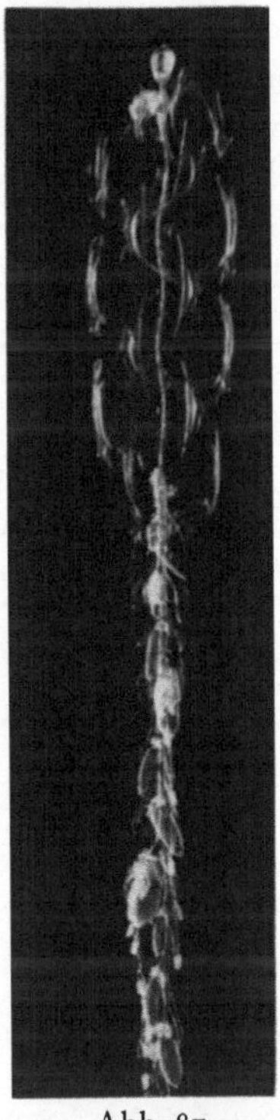

Abb. 87.   Abb. 88.

Abb. 87. Staatsqualle *Stephanomia*, oberer Teil des Tieres mit der Gasflasche
und mehreren zweizeilig angeordneten Schwimmglocken.
Abb. 88. Die Staatsqualle *Stephanomia* läßt nach Reizung ein Gasbläschen aus
der Gasflasche austreten.

Zeit den Hauptgasraum wieder auffüllen. Irgendwie müssen wohl
die körnigen Zellen an der Neubildung der Gasblasen, die aus
fast reinem Stickstoff zu bestehen scheinen, beteiligt sein; man
bezeichnet sie in der Gesamtheit daher auch als „Gasdrüse".

Gelegentlich, freilich recht selten, kann man auch eine andere
Art des Auf- und Absteigens beobachten. Es kommt vor, daß ein

Tier, das gerade am Aufsteigen, also etwas leichter als Wasser ist, plötzlich stillsteht und wieder abzusinken beginnt, ohne daß an der Spitze der Gasflasche Gas austritt. Auch hier muß eine Verkleinerung des Gasraumes stattge-

Abb. 89a.

funden haben. In der Wand der Gasflasche liegt eine recht kräftige Muskulatur; man kann unter dem Mikroskop unmittelbar sehen, wie sich unter Wirkung dieser Muskeln in bescheidenen Grenzen die Größe des Gasraumes ändert. Unter natürlichen Bedingungen wird sich das sicher auf das spezifische Gewicht des Tieres auswirken.

Stephanomia vermag mit der Gasflasche Ähnliches zu leisten wie die Radiolarien mit ihrem Bläschenkranz. In beiden Fällen sind leichte Stoffe in den vergleichsweise schweren Körper eingelagert. Und doch ist die Sachlage nicht die gleiche. In dem einen Fall ist Flüssigkeit, in dem anderen Gas das Schwebe-

Abb. 89b.

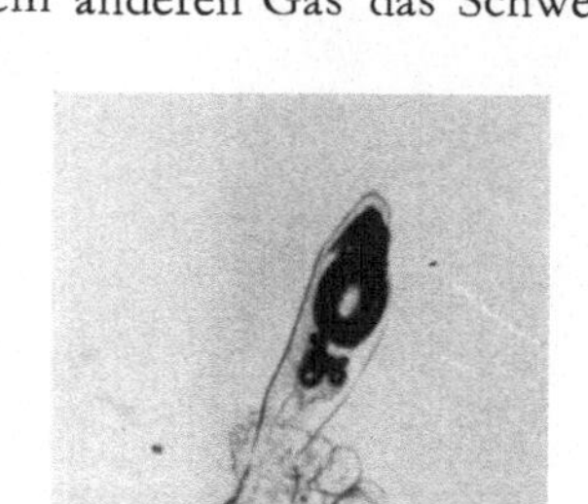

Abb. 89c.

Abb. 89a—c. Staatsqualle *Stephanomia*, abgeschnittene Gasflasche unter dem Mikroskop. a) Normal mit Gas gefüllt; b) Gasaustritt; c) Neubildung kleinei Gasbläschen unter dem in der Gasflasche verbliebenen Gasrest.

mittel. Gas aber ist leicht, eine Flüssigkeit dagegen praktisch überhaupt nicht zusammendrückbar. Dieser Unterschied ist für die Schwebefähigkeit nicht ohne Belang.

Wir nehmen an, ein Radiolar schwebt gerade dicht unter der Wasseroberfläche; es steht dann lediglich unter dem Druck der Luftatmosphäre. Bringen wir es jetzt unter vollkommener Schonung des Schwebeapparates in eine Tiefe von 10 m, so lastet auf ihm der Druck von 2 Atmosphären (10 m Wassersäule = 1 Luftatmosphäre). An seinem Schwebezustand ändert sich gar nichts.

Ganz anders liegen die Dinge bei einem Gasschweber. Gas ist zusammendrückbar, die Größe eines Gasraumes hängt — neben der Temperatur — von dem Druck ab, unter dem er steht. Nach einem bekannten physikalischen Gesetz wird ein Gasraum um die Hälfte kleiner, wenn der auf ihm lastende Druck doppelt so groß wird. Wir wollen annehmen, daß der Gasraum in der Gasflasche gerade so groß ist, daß das Tier dicht unter der Wasseroberfläche das spezifische Gewicht des Wassers hat. Nach Verfrachten in 10 m Wassertiefe muß sich wegen Verdoppelung des Druckes, — Nachgiebigkeit der Gasflaschenwand, gleichbleibende Temperatur und Untätigkeit der Muskulatur und der Gasdrüse

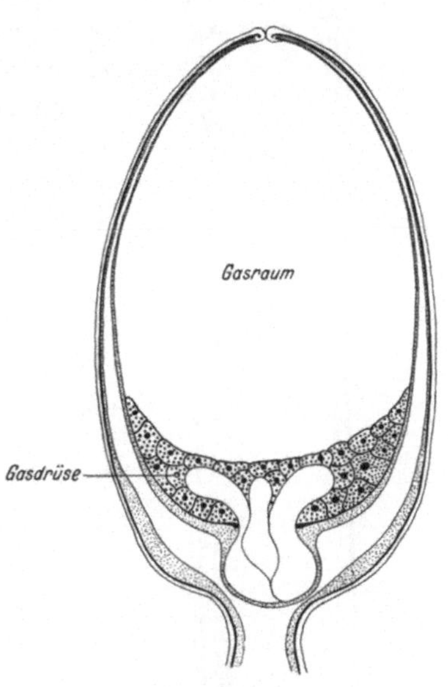

Abb. 90. Ein Längsschnitt durch die Gasflasche der Staatsqualle *Stephanomia*, vereinfacht. Die gekörnelten Zellen am Grunde sind die „Gasdrüse", in der neues Gas gebildet wird.

vorausgesetzt —, der Gasraum um die Hälfte verkleinern. Nun besteht zwischen dem spezifischen Gewicht eines Körpers, seinem wirklichen Gewicht in Gramm und seinem Rauminhalt (Volumen) folgende Beziehung:

$$\text{spezifisches Gewicht} = \frac{\text{Gewicht}}{\text{Volumen}}$$

Daher ist die Volumenabnahme durch Zusammendrücken des Gases gleichbedeutend mit einer Zunahme des spezifischen

Gewichtes. Ein Tier, das an der Wasseroberfläche gerade schwebt, ist in 10 m Tiefe zu schwer und sinkt ab, falls es nicht durch Neubilden von Gas der Gasflasche wieder den gleichen Rauminhalt gibt wie an der Wasseroberfläche.

Aber wir brauchen gar nicht mit so großen Druckunterschieden wie soeben angenommen, rechnen. Ein Gasschweber kann —, bei Nachgiebigkeit der Gasbehälterwand —, mit einer bestimmten Gasmenge gerade nur in einer bestimmten Wasserebene schweben, dort, wo unter den herrschenden Druckverhältnissen der Gasraum so groß ist, daß der Körper gerade das spezifische Gewicht des Wassers hat. Sowie aber das Tier ein wenig aus dieser Anpassungsebene herauskommt, stimmt die Sache nicht mehr: darunter wird mit zunehmendem Wasserdruck der Gasraum kleiner, das spezifische Gewicht größer (Absinken); umgekehrt wird über der Anpassungsebene wegen des geringeren Wasserdrucks der Gasraum größer und damit das spezifische Gewicht kleiner (Hochtreiben).

Man kann sich von diesem Sachverhalt durch einen einfachen Modellversuch überzeugen (Abb. 91). Wir füllen einen hohen Glaszylinder mit Wasser und tauchen in ihn ein kleines, ebenfalls mit Wasser gefülltes Glasgefäß, dessen Öffnung nach unten schaut; es sinkt wegen des Glasgewichtes natürlich zu Boden. Mit Hilfe eines gebogenen Glasrohres blasen wir nun so viel Luft in das kleine Gefäß, daß es in der Mitte des großen Zylinders gerade schwebt. Das kleine Gefäß ist das Modell für den Tierkörper, die Luftblase in ihm ist der Schwebeapparat,

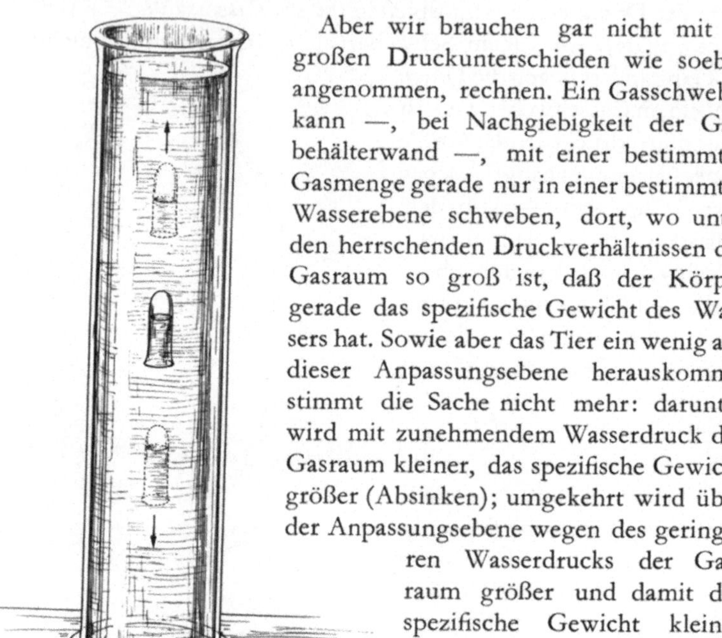

Abb. 91. Modell zum Aufzeigen der Schwebeebene. Ein mit Hilfe einer Luftblase in der Mitte des Glaszylinders schwebendes Gefäß steigt über der Schwebeebene auf, sinkt unter der Schwebeebene unter wegen der (übertrieben gezeichneten) Vergrößerung bzw. Verkleinerung der Luftblase.

vergleichbar der Gasflasche der Staatsquallen oder, wie wir sehen werden, der Schwimmblase der Fische. Durch die Öffnung vermag der Luft- bzw. Wasserdruck auf die Luftblase einzuwirken. Wenn wir nun mit einem Draht das kleine Gefäß langsam bewegen, werden wir feststellen, daß es unter der Schwebeebene zuerst langsam, dann immer schneller zu Boden sinkt, über ihr aber aufsteigt, als Folge der Änderung seines spezifischen Gewichts durch den wechselnden Wasserdruck.

Es muß also für einen Gasschweber ein wahres Kunststück sein, sich in einer Anpassungsebene zu halten; diese ist ja wirklich eine mathematische Ebene und die kleinste Abweichung von ihr muß das Schwebegleichgewicht stören. Bei der Staatsqualle *Stephanomia* wird der Sachverhalt kaum deutlich, da sie gewöhnlich etwas zu leicht ist und sich — wenigstens bei ruhigem Wasser — dicht unter dem Wasserspiegel aufhält. Aber die bereits erwähnte

Corethra-Larve

zeigt sehr schön das, was wir sehen wollen (Abb. 92). Man findet sie in Süßwassertümpeln, auch in größeren Seen, muß aber recht genau hinschauen. Denn die im erwachsenen Zustand etwa $1\frac{1}{2}$ cm lange schlanke Larve ist glasklar durchsichtig und schwebt in horizontaler Lage zumeist fast regungslos. Ermöglicht wird das durch zwei Paar Schwimmblasen (Abb. 78), ein größeres Paar im schwereren Vorderkörper, ein kleineres Paar hinten. Wir hörten schon, daß diese Schwimmblasen Reste des im übrigen stark rückgebildeten Systems der Atemröhren sind. Da die Atemröhren durch Einstülpung der äußeren Haut entstehen, sind sie ebenfalls mit Chitin ausgekleidet, das auch die Außenhaut des Insektenkörpers überzieht und ihm Festigkeit und Widerstandsfähigkeit verleiht. So kommt es, daß die Wand der *Corethra*-Schwimmblasen verhältnismäßig fest ist, immerhin aber etwas elastisch und einem Druck von außen bis zu einem gewissen Grade nachgebend. Das zu wissen ist wichtig, wenn wir das Schwebeverhalten der Larven begreifen wollen.

Bei längerer Beobachtung zeigt sich, daß die Larve eigentlich niemals ganz unbeweglich steht, sondern langsam sinkt oder langsam steigt. Unter heftiger Schlängelung des Körpers aber kehrt sie sprungartig immer wieder annähernd in die gleiche Ebene zurück. Die Häufigkeit der Sprünge aber hängt von der Schnelligkeit des Sinkens bzw. Steigens ab, und diese unter anderem von der Leichtigkeit, mit der sich die Wasserteilchen auseinanderdrängen lassen, d. h. von der Zähigkeit des Wassers. Durch Zusetzen bestimmter Stoffe kann man die Zähigkeit des Wassers und damit die Häufigkeit der Sprünge ändern: häufigere Sprünge bei geringerer Zähigkeit.

Abb. 92. Larve der Mücke *Corethra*, frei im Wasser schwebend.

Bemerkenswert ist die Anpassungsfähigkeit der Larve an wechselnde Schwebebedingungen. Larven, die in größeren Seen in 30 bis 40 m Tiefe leben, also unter beträchtlichem Druck stehen, haben deutlich dickere Schwimmblasenwände als die Oberflächenformen; holt man sie aus der Tiefe, so kommen sie auch bei geringerem Druck im Flachwasser alsbald ins Schwebegleichgewicht.

Die Anpassungsfähigkeit äußert sich auch noch in anderer Weise. Diese Larven sind arge Räuber; mit den zu Greiforganen umgestalteten Fühlern (Abb. 78) fangen sie kleine Wassertiere und verschlingen sie. Die Beutetiere, Flohkrebse und dergleichen, sind meist schwerer als Wasser. Durch das Fressen wird also das Schwebegleichgewicht etwas gestört, aber alsbald dadurch wieder hergestellt, daß die Schwimmblasen nach der Mahlzeit ein wenig größer werden, also größere Tragkraft erhalten. In sehr eindrucksvoller Weise kann man das Gleiche durch künstliche Belastung erzielen, wenn man der Larve eine Leibbinde aus einem feinen Staniolstreifen macht. Wie alle Insektenlarven wächst auch die *Corethra*-Larve ruckweise, indem sie in regelmäßigen Abständen den zu eng werdenden alten Chitinpanzer abwirft, sich häutet und den bereits darunter gebildeten, zunächst noch weichen neuen Panzer dehnt. Diese Größenzunahme nach der Häutung ist vorerst nicht zugleich mit Gewichtszunahme verbunden; diese ergibt sich vielmehr erst mit der Nahrungsaufnahme. Daher wachsen die Schwimmblasen nicht unmittelbar bei den Häutungen, sondern je nach dem Nahrungsangebot zwischen den Häutungen.

Aus der letzten Larvenhaut schlüpft noch nicht die fertige Mücke, sondern zunächst die Puppe; sie ist ein Ruhestadium ohne Nahrungsaufnahme, in dem die Organe des Vollinsekts ausgebildet werden, insbesondere die Beine und Flügel, die in der Larve nur als winzige Anlagen vorhanden waren. Erst bei der letzten Häutung wird aus der Puppe das flugfähige Tier frei.

Die *Corethra*-Puppe lebt ebenfalls im Wasser; auch sie kann schweben durch eine Gasansammlung, die eigentlich außerhalb des Körpers links und rechts unter den Flügelscheiden, den Futteralen für die in Entwicklung begriffenen Flügel des Vollinsekts, liegt. Wenn wir die Flügelscheiden mit unseren Armen vergleichen, — was anatomisch natürlich nicht richtig ist —, befindet sich das Gas in den Achselhöhlen der an den Leib gepreßten Arme. Wahrscheinlich stammt es aus den vorderen Schwimmblasen der Larve und kommt bei der Häutung zur Puppe an den neuen Platz. Da die beiden Gasblasen vorn am Puppenkörper liegen, steht die Puppe aufrecht im Wasser. Das Anpassungsvermögen an verschiedene Schwebebedingungen ist bei der Puppe nicht so gut entwickelt wie bei der Larve, braucht es auch nicht zu sein. Durch Sprünge kann aber auch sie sich in der Nähe der Schwebeebene halten, die der Größe der Gasblasen und ihrem Körpergewicht entspricht.

Wir haben hiermit noch keineswegs die Fülle der Fähigkeiten dieses seltsamen Tieres erschöpft. Manches ist auch noch rätselhaft, so die Art des Wachstums der Larvenschwimmblasen nach dem Fressen. Wohl aber weiß man, daß beim Größerwerden der Gasmenge, — im Gegensatz zu Staatsquallen und, wie wir noch sehen werden, zu Fischen —, kein Vorgang beteiligt ist, den wir als „Gassekretion", also als wirkliche Neubildung von Gas bezeichnen könnten. Es tritt vielmehr nach Dehnung der Blasenwand aus der Leibesflüssigkeit, in der es gelöst ist, in die Schwimmblasen ein. Man schließt das daraus, daß unabhängig von Zu- oder Abnahme der Schwimmblasengröße das Gas immer die gleiche Zusammensetzung behält (etwa 16% Sauerstoff und 84% Stickstoff). Auch die Erstfüllung der Schwimmblasen mit Gas nach der Geburt gibt noch Rätsel auf; wir kommen darauf zurück (S. 134).

Fische

Die dritte und bekannteste Gruppe von „Gasschwebern" sind die Fische, soweit sie im Besitz einer gut ausgebildeten Schwimmblase sind. Auch bei ihnen finden wir ein ausgeprägtes Anpassungsvermögen, also die Fähigkeit, sich durch Änderung der Gasmenge auf den Aufenthalt in verschiedenen Wassertiefen einzustellen. Die Einrichtungen, die diese Anpassung ermöglichen, sollen uns besonders beschäftigen. Daß die Schwimmblase bei manchen Fischen nicht nur Schwebeorgan ist, sondern noch andere Aufgaben zu verrichten hat, kann hier nur am Rande erwähnt werden. So dient sie bei manchen ausländischen Fischen auch oder vorzugsweise der Atmung. Andere benutzen die Schwimmblase zur Lauterzeugung, — keineswegs alle Fische sind stumm —; wiederum anderen, zu denen unsere karpfenartigen Fische und die Welse gehören, erleichtert die Schwimmblase, die dann mit dem inneren Ohr in Verbindung steht, das Hören.

Die Schwimmblase ist ein gasgefüllter Anhang der Schlundregion des Darmes. Sie entsteht bei der Entwicklung aus dem Ei in der Regel als rückenseitige Ausstülpung, liegt also über dem Darm, unter der Wirbelsäule (Abb. 93). Bei vielen Fischen bleibt sie zeitlebens durch einen Luftgang mit dem Vorderdarm in Verbindung, so bei der Mehrzahl unserer Süßwasserfische (Karpfen,

Hecht, Forelle), aber auch bei einer Reihe von Meeresfischen (Hering). Bei anderen ist der Luftgang nur in der frühesten Jugend, während der ersten Lebenstage, vorhanden, wird aber bald rückgebildet; die Schwimmblase ist dann vollkommen geschlossen (bei Flußbarsch, Stichling, Dorsch, Seepferdchen). Wir werden sehen, daß Fehlen oder Vorhandensein eines Luftganges für die

Abb. 93. Röntgenaufnahmen, unten eines karpfenartigen Fisches (Rotfeder, Schwimmblase zweikammerig), oben eines Barsches (Schwimmblase einkammerig).

Anpassungsfähigkeit von wesentlicher Bedeutung ist. Nicht immer ist die Schwimmblase ein einfacher sackförmiger Hohlraum; beim Karpfen und seinen Verwandten besteht sie aus zwei hintereinanderliegenden, durch einen verschließbaren Gang verbundenen Kammern. Diese Eigenart steht hier in Beziehung zur bereits erwähnten Übertragung von Schallwellen von der vorderen Kammer aus auf das innere Ohr.

Keineswegs alle Fische haben eine Schwimmblase. Wir hörten schon früher, daß sie den Knorpelfischen (Haie, Rochen) fehlt; das gilt aber auch für eine Reihe von Knochenfischen (Steinbutt, Flunder und viele andere). Schwimmblasenlose Fische sind schwerer als Wasser und daher zumeist Bodenbewohner. Ist aber eine Schwimmblase da, so muß sie selbstverständlich das Absinken verlangsamen und, wenn sie die richtige Größe hat, ein echtes Schweben ermöglichen. Da das Übergewicht des Fischkörpers im schwereren Meerwasser kleiner ist als im Süßwasser, wird ein Meeresfisch mit einer kleineren Schwimmblase das Schweben erreichen als ein Süßwasserfisch. Man hat berechnet, daß hierfür in Süßwasser die Schwimmblase etwa $7—8^0/_0$, im Meer dagegen nur etwa 5% vom Rauminhalt des Fischkörpers erreichen muß. Die Messungsergebnisse an verschiedenen Fischen stimmen mit den theoretischen Berechnungen gut überein. Dafür einige Beispiele:

1. Fische mit Schwimmblase.

a) Süßwasserfische (spezif. Gewicht des Süßwassers = 1,000 gesetzt).

Plötze	spez. Gewicht = 1,001	Schwimmblase = 9,0% vom Körpervolumen
Flußbarsch . . .	„ „ = 1,004	Schwimmblase = 7,5% vom Körpervolumen
Schleie	„ „ = 1,008	Schwimmblase = 7,7% vom Körpervolumen

b) Meeresfische (spezif. Gewicht des Meerwassers etwa 1,026)

Zeus faber . . .	spez. Gewicht = 1,018	Schwimmblase = 4,3% vom Körpervolumen
Fundulus heteroclitus	„ „ = 1,023	Schwimmblase = 5,0% vom Körpervolumen
Gadus luscus . .	„ „ = 1,030	Schwimmblase = 4,9% vom Körpervolumen

2. Fische ohne Schwimmblase

Pleuronectes platessa, Flunder.	spez. Gewicht = 1,063
Raja clavata . . Rochen	„ „ = 1,074
Scyllium canicula Hai	„ „ = 1,076

Wenn wir einen Fisch mit Schwimmblase, etwa einen Barsch oder eine Elritze, beim ruhigen Herumschwimmen in einem größeren Becken beobachten, so werden wir feststellen, daß der Fisch fast ebenso schwer ist wie das Wasser; ganz vollkommen ist der Schwebezustand allerdings nur selten und für kurze Zeit. Gewöhnlich wird er ein wenig sinken oder steigen, — entsprechend dem früher (S. 120) geschilderten Modellversuch —; aber durch einen kurzen Schlag mit den Flossen wird er ein weiteres Absinken oder Aufsteigen leicht verhindern; er ist durch die Kraft seiner Muskeln gewöhnlich Herr der Lage.

Aber es leben auch in großen Wassertiefen Fische. Früher hatte man die Tiefen der Ozeane für Wasserwüsten ohne jedes Leben gehalten. Es war eine nicht geringe Überraschung für die Wissenschaft, als sich bei den großen Forschungsfahrten in der zweiten Hälfte des vorigen Jahrhunderts immer deutlicher zeigte, daß die Tiefsee ein verhältnismäßig reiches Tierleben birgt. Freilich blieb es einem Forscher unserer Zeit, dem amerikanischen Biologen Beebe, vorbehalten, durch das Fenster einer bis in 923 m Tiefe versenkten Stahlkugel die Tiefseetierwelt an Ort und Stelle zu beobachten. Vor allem waren es immer wieder Fische, in diesen lichtlosen Tiefen mit einer Fülle verschiedenartiger Leuchtorgane ausgestattet, die das Auge fesselten. Auch viele Tiefseefische haben eine Schwimmblase. Nun steht schon in der Tiefe, in die Beebe vordrang, der Fischkörper unter dem ungeheuren Druck von etwa 100 Atmosphären. Auf Plasma und Skelett, beide praktisch nicht zusammendrückbar, wird das kaum von Einfluß sein. Der Besitz einer Schwimmblase in diesen Tiefen aber bedeutet: der Fisch muß so viel Gas bilden, daß es auch bei so hohen Drucken noch einen genügenden Raum einnimmt. Das zu erreichen, ist sicher eine beachtliche Leistung.

Was wird geschehen ,wenn man einen Tiefseefisch recht schnell mit einem Netz an die Oberfläche bringt? Ist das Netz halb hochgezogen, so müßte sich das Gas wegen der Druckabnahme eigentlich auf das Doppelte ausdehnen. Das wird nicht gehen, weil der Raum in der von den Rippen gestützten Bauchhöhle beengt ist. Aber die gedehnte elastische Schwimmbasenwand drückt auf die Eingeweide. So wird der Fisch, falls das Gas keinen Weg nach außen findet, mit aufgeblähtem Bauche und vielleicht sogar mit zum Mund hinausgepreßten Eingeweiden die Oberfläche erreichen. Man bezeichnet die Fische dann als „trommelsüchtig"; sie sind an manchen tiefen Seen (zum Beispiel am Bodensee) den Berufsfischern wohlbekannt.

Unter normalen Bedingungen wird ein Tiefseefisch kaum in die geschilderte gefährliche Lage kommen. Die Mehrzahl der Fische, besonders im Süßwasser, lebt in verhältnismäßig flachen Bereichen

Sie können mit Muskelkraft, mit Schwimmbewegungen, die Auf- und Abtriebskräfte leicht bewältigen, zumal wenn es sich nur um sehr kurzfristige Ausflüge in die Tiefe oder Höhe handelt. Nun ist aber jedem Angler bekannt, daß nicht selten die gleiche Fischart zu verschiedenen Zeiten in verschiedenen Tiefen „steht". Von der Elritze weiß man, daß sie nachts tieferes Wasser aufsucht als am Tage; auch bei anderen Fischen sind tagesperiodische Aufab-Wanderungen nicht geringen Ausmaßes bekannt. Wenn aber ein Fisch in größere Tiefen geht und dort zum Schweben kommen will, muß er mehr Gas in die durch erhöhten Wasserdruck zu klein gewordene Schwimmblase hineinbringen. Man hat messend feststellen können, daß der gleiche Fisch in tiefem Wasser mehr Gas in der Schwimmblase hat als in flachem. Umgekehrt wird beim Übergang in flacheres Wasser Gas aus der Schwimmblase verschwinden müssen. Wie geht dieser Wechsel der Gasmenge vor sich?

Wir machen mit der Elritze einen Versuch. Das Aquarium wird luftdicht abgeschlossen; mit einer Pumpe saugen wir die über dem Wasserspiegel stehende Luft ab. Durch die Druckabnahme dehnt sich die Schwimmblase aus, — wie wenn man den Fisch aus größerer Wassertiefe an die Oberfläche holt; die Elritze bekommt Auftrieb und sucht dem zunächst durch abwärts gerichtete Schwimmbewegungen entgegenzuwirken. Bald aber entweichen Gasblasen aus dem Mund; sie stammen aus der Schwimmblase und fanden den Weg durch den hier langen und engen Luftgang, der die hintere Schwimmblasenkammer mit dem Schlund verbindet. Durch weitere Gasabgabe bei fortschreitender Druckerniedrigung hält sich der Fisch wenigstens annähernd im Schwebegleichgewicht. Bei Wiederherstellung des normalen Luftdrucks, — was also einer Druckzunahme gleich kommt —, wird die Schwimmblase plötzlich viel zu klein, die Elritze fällt, zu schwer geworden, zu Boden. Bald aber sucht sie mit kräftigen Schwimmbewegungen die Oberfläche zu erreichen, schnappt Luft und wird nach verhältnismäßig kurzer Zeit wieder ihr normales Schwebevermögen haben. Bei Präparation werden wir im Vorderdarm beträchtliche Gasmengen finden, während die Schwimmblase zunächst noch zusammengefallen ist und wenig Gas enthält. Nach längerem Zuwarten aber nimmt die Gasmenge im Darm ab, in der Schwimmblase dagegen zu. Sie wird nach und nach durch den Luftgang hindurch neu aufgefüllt und hat schon nach einigen Stunden ihr normales pralles Aussehen.

DiesenVersuch können wir mit dem gleichen Erfolg bei anderen Fischen mit Luftgang anstellen, etwa bei Schleie, Hecht, Forelle. Was aber geschieht, wenn man die Elritze, der man die Schwimmblase künstlich entleert hat, durch ein Gitter von der Oberfläche absperrt, so daß Luftschlucken unmöglich ist? Nun, wir werden feststellen, daß ihre Schwimmblase nach einigen Tagen doch wieder normal gefüllt ist. Hier muß etwas ganz anderes geschehen sein. Das wird deutlich, wenn man die Zusammensetzung des Schwimmblasengases untersucht. Nach dem Luftschlucken finden wir in der Schwimmblase ein Gas, das annähernd die Zusammensetzung der Luft hat: wenig Kohlensäure und etwa 21% Sauerstoff; der Rest ist Stickstoff. Bei dem unter Gitter gehaltenen Tier aber sind etwa 4% Kohlensäure und etwa 45% Sauerstoff vorhanden, vor allem also viel mehr Sauerstoff als in der Luft. Das stark sauerstoffhaltige neue Gas kann letzten Endes nur aus dem Blut stammen, das im Hämoglobin der roten Blutkörperchen, besonders im arteriellen Blut, reichlich Sauerstoff enthält. Auffallend ist bei den meisten Fischen die starke Durchblutung der Schwimmblasenwand, bei den karpfenartigen Fischen, zu denen auch die Elritze gehört, vor allem im hinteren Teil der zweikammerigen Schwimmblase. Da man die Bildung und Abgabe von Stoffen in besonderen Organen als „Sekretion" bezeichnet, spricht man auch hier, wie bei den Staatsquallen, von einer „Gassekretion". Ihr besonderes Kennzeichen ist in diesem Falle, daß Luftgase (Kohlensäure, Sauerstoff) in der Schwimmblase in viel höheren Konzentrationen auftreten als in der Atmosphäre.

Es scheint, daß nicht alle Fische die Fähigkeit zur Gassekretion haben. Wenn man den Gitterversuch mit einer Forelle oder einem Huchen macht, so wird sich deren zuvor entleerte Schwimmblase nicht wieder mit Gas füllen. Vielleicht hängt das damit zusammen, daß es sich hier um Flachwasserfische handelt, die stets Gelegenheit zum Luftschnappen haben. Beim Hecht dagegen ist die Gassekretion sehr stark.

Das Gleiche gilt für alle Fische ohne Luftgang, also mit ganz geschlossener Schwimmblase; sie können ohne Gassekretion garnicht auskommen. Hierher gehören die meisten Meeresfische, unter den Süßwasserfischen zum Beispiel der Barsch und der Stichling. Bei diesen ist die Schwimmblase ein einräumiger Sack mit verhältnismäßig dünner Wand. Man kann die Schwimmblase eines Barsches mit Spritze und Hohlnadel ohne Schaden für den Fisch entleeren und wird sie nach Stunden oder Tagen wieder normal gefüllt finden. Auch Beschweren des Fischkörpers (Anhängen eines Gewichtes) kann durch Neubildung von Gas, also Vergrößerung der Schwimmblase in gewissen Grenzen ausgeglichen werden. Die Untersuchung des Schwimmblasengases zeigt, daß auch hier Kohlensäure und vor allem Sauerstoff in die Schwimmblase einströmt.

Bei den Fischen ohne Luftgang weiß man auch mehr über die Organe, die an der Gassekretion wesentlich beteiligt sind. Beim Barsch (Abb. 94) sind gewisse Stellen vorn-unten in der Schwimmblasenwand besonders reich mit Blutgefäßen versorgt und zugleich unmittelbar am Gasraum drüsenartig verdickt. Wenn man diese Organe durch Unterbindung der Blutzufuhr oder auch durch Durchschneiden der sie versorgenden Nerven lahmlegt, so kann kein Gas mehr abgesondert werden. Man bezeichnet diese Organe daher als „Gasdrüsen".

Was sich bei der Gassekretion abspielt, ist nicht leicht zu sagen und auch in manchen Einzelheiten wohl noch nicht bekannt. Im Wesentlichen dürfte es sich dabei um Folgendes handeln:

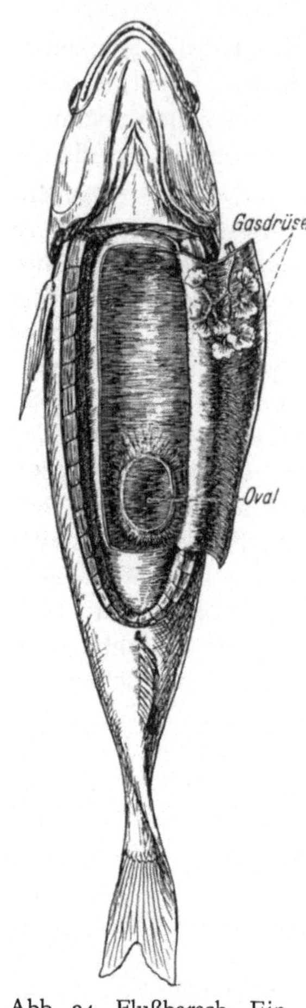

Abb. 94. Flußbarsch, Eingeweide entfernt, bauchseitige Schwimmblasenwand aufgeschnitten und herausgeklappt. Vorn die in Lappen aufgeteilte „Gasdrüse" mit dem zu- und abführenden Blutgefäß; hinten das weit geöffnete „Oval" (übertrieben deutlich gezeichnet).

Das Hämoglobin des Fischblutes hat die Eigentümlichkeit, bei Gegenwart einer Säure (z. B. Kohlensäure) den in ihm gebundenen Sauerstoff in beträchtlichen Mengen freizugeben. Auf nervösen Anstoß hin kommt in den Zellen der Gasdrüse, möglicherweise unter Mithilfe noch anderer Organe, ein Prozeß in Gang, durch den zunächst die im Blut in gebundener Form vorhandene Kohlensäure frei wird. Das hat dann zur Folge, daß aus dem Hämoglobin des zugeführten arteriellen Blutes auch Sauerstoff entlassen wird. Wenn der Druck der auf diese Weise beweglich gemachten Gase hoch genug wird, können sie in den Gasraum der Schwimmblase einströmen. Es ist die besondere Aufgabe der Gasdrüse, den Gasdruck im Blut oder im Gewebe der Schwimmblasenwand so groß zu machen, daß ein Zustrom von Gas in die Schwimmblase erfolgen kann, in 50 m Tiefe zum Beispiel entgegen dem Druck von 6 Atmosphären, der auf den Schwimmblasengasen lastet.

Was geschieht, wenn ein luftgangloser Fisch wie der Barsch in die Lage versetzt wird, Gas aus der Schwimmblase zu entfernen? Wenn man mit dem Barsch den gleichen Unterdruckversuch macht wie mit der Elritze, so wird der unglückliche Fisch bald mit aufgetriebener Schwimmblase (trommelsüchtig) hilflos an der Oberfläche treiben; bei unvorsichtigem Hantieren wird die Schwimmblasenwand schließlich reißen. Wird aber der Druck nur wenig erniedrigt, so verschwindet nach einiger Zeit der dadurch bedingte Auftrieb; das Gleiche geschieht, wenn man den Fisch durch einen angehängten Ballon zu leicht macht. Da man die Gasmenge in der Schwimmblase am lebenden Tier messen kann, läßt sich zeigen, daß bei diesen Versuchen tatsächlich Gas aus der Schwimmblase verschwindet.

Schon unter normalen Bedingungen muß man mit einem gewissen Gasverlust rechnen. Die Schwimmblasenwand ist eine mäßig dicke, feuchte Haut, die sicher nicht vollkommen gasundurchlässig ist. Das Gas im Innern steht unter einem gewissen Druck, der mit der Tiefe zunimmt, der also, wenn der Fisch nicht gerade unmittelbar an der Wasseroberfläche schwimmt, stets etwas höher ist als der Druck der im Wasser bzw. im Fischkörper gelösten Gase. Immer müssen daher Gasteilchen die Schwimmblasenwand von innen nach außen durchwandern; man kann diese Abwanderung unter bestimmten Bedingungen auch messend verfolgen. Dieser Gasverlust tritt gewöhnlich nur deshalb nicht in Erscheinung, weil er ständig durch eine schwache Gassekretion ausgeglichen wird. Darüber hinaus aber kann im Bedarfsfalle verhältnismäßig schnell und gerade so viel Gas der Schwimmblase entnommen werden, wie bei Störungen des Auftriebs zur Wiederherstellung des Normalzustandes nötig ist. Es muß also eine Vorrichtung geben, die Zeitpunkt und Größe des Gasverlustes zu regeln gestattet.

Wenn man die Barschschwimmblase von der Bauchseite her aufschneidet, wird man im hinteren oberen Teil ihrer Wand ein

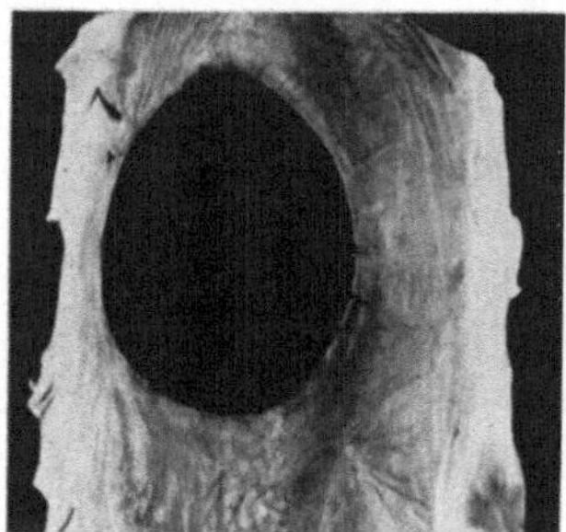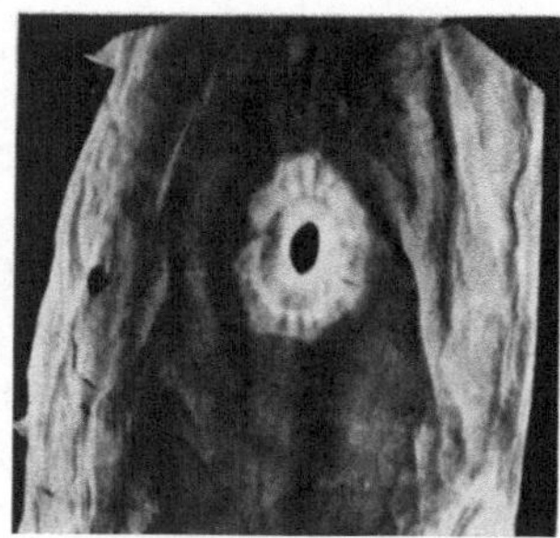

Abb. 95. Zwei herauspräparierte Ovale von gleichgroßen Flußbarschen, links weit geöffnet, rechts fast geschlossen.

ovales Gebilde sehen (Abb. 94). Die Schwimmblase hat hier eine ganz flache Ausbuchtung mit ovalem Rand, um den ein Muskel herumläuft. Außerdem setzen sich an den Rand strahlenförmig nach allen Seiten wegziehende feine Muskeln an. Die hintere Wand der Ausbuchtung ist besonders dünn und mit einem sehr dichten und feinen Netz von Blutgefäßen hinterlegt. Dies Organ nennt man nach seiner Form kurzweg das „Oval". Man hat es bei einer Reihe von Fischen mit ganz geschlossener Schwimmblase gefunden; es arbeitet so (Abb. 95): Wenn Gas aus der Schwimmblase entfernt werden soll, ziehen sich die Strahlenmuskeln zusammen, der Rand des Ovals wird weit, das Gas hat Zutritt zum dünnwandigen Bezirk, dringt ins Blut ein und wird weggeführt. Soll aber die Gasabfuhr gestoppt werden, so zieht sich der Ringmuskel zusammen, die Ovalöffnung wird geschlossen, der Zugang zum

132

besonders durchlässigen Wandteil gesperrt: die Gasabfuhr ist eingestellt. Das Oval ist also immer dann offen, wenn die Schwimmblase für die gerade gegebene Wassertiefe zu groß ist, aber immer dann geschlossen, wenn die Gasmenge durch Tätigkeit der Gasdrüse erhöht werden muß. Diese feine Regulationsfähigkeit setzt natürlich voraus, daß der Fisch, menschlich gesprochen, jederzeit über seinen Schwebezustand mit Hilfe irgendwelcher Sinnesorgane „im Bilde" ist. Welche Sinnesorgane hierbei im Spiele sind, läßt sich bisher noch nicht in allen Fällen einwandfrei sagen. Früher meinte man, daß die reich innervierte Schwimmblasenwand selber Träger von Sinnesorganen ist, die die Wahrnehmung der wechselnden Wandspannung ermöglichen. Diese Auffassung hat sich in neueren Versuchen im Allgemeinen nicht bestätigen lassen. Bei den karpfenartigen Fischen mit der schon erwähnten Verbindung zum inneren Ohr hat sich gezeigt, daß dieser Spezialapparat die Wahrnehmung von Druckunterschieden in der Schwimmblase ermöglicht und damit im Dienste der Volumregulation steht. Daß er außerdem dem Hörvermögen dient, wird dadurch nicht berührt. Für das Suchen nach den Bedingungen, die die Regulation der Schwimmblasentätigkeit steuern, bleibt der Forschung noch ein weites Feld.

Bei Fischen mit zweikammeriger Schwimmblase (vordere und hintere Kammer) könnte es wohl möglich sein, daß durch Verschiebung des Gases von einer Kammer in die andere, bei gleichbleibender Gesamtgasmenge, der Schwerpunkt verlagert wird. Muskelfasern, die das besorgen könnten, sind in der Schwimmblasenwand vorhanden. Beim Seepferdchen, das eine zweikammerige Schwimmblase besitzt, kommen solche Gasverschiebungen vor und wirken sich in der Stellung des Körpers aus. In der Ruhe klammert sich das Seepferdchen mit seinem flossenlosen Wickelschwanz gerne an Algen und dergleichen fest; sein Körper ist dabei, wie übrigens auch oft beim freien Schwimmen, steil aufgerichtet. Es kann aber auch eine waagerechte Haltung einnehmen (Abb. 61, S. 82). Bei der senkrechten Haltung ist die vordere, bei der waagerechten die hintere Schwimmblasenkammer stärker gefüllt.

Die Erstfüllung von Schwimmblasen mit Gas

So verschiedenartig auch die Schwimmblasen von Staatsquallen, *Corethra*-Larven und Fischen sind, sie werden ihrer Aufgabe als Schwebeapparat in vortrefflicher Weise gerecht. Wir hatten bisher nur das fertige Organ im Auge gehabt. Es ist indessen eine fesselnde Frage für sich, wie die Schwimmblase im Laufe der Entwicklung des Einzelwesens entsteht und sich zum ersten Mal mit Gas füllt.

Man kann von der Staatsqualle *Stephanomia* leicht Junge erhalten. Aus dem Ei entsteht eine ovale Larve, die mit Hilfe eines Wimperkleides umherschwimmt (Abb. 51, S. 72). Das eine Ende trägt einen rotgelben Farbfleck; hier wird später der Mund entstehen. Am gegenüberliegenden Ende beginnt sich allmählich aus einer äußeren Zellschicht die Gasflasche zu bilden; sie ist zunächst noch winzig und gasfrei. Auf einem bestimmten Entwicklungszustand aber tritt explosionsartig eine schnell größer werdende Gasblase auf, die die Wand der Gasflasche spannt und andere Gewebe nach unten abdrängt. Eine obere Flaschenöffnung wie bei älteren Tieren ist zu dieser Zeit noch nicht vorhanden. Die Erstbildung von Gas scheint also genau so vor sich zu gehen, wie die oben beschriebene Neubildung von Gas bei Erwachsenen (S. 116).

Anders *Corethra*. Bei der aus dem Ei schlüpfenden Larve sind Schwimmblasen und die sie verbindenden feinen Atemröhren noch gasleer, vielmehr mit einer Flüssigkeit gefüllt. Das Gleiche gilt übrigens auch für andere Mückenlarven. Die Füllung mit Gas erfolgt sehr schnell vom Hinterende des Tieres aus, aber stets nur dann, wenn die Larve mit dem Hinterende, wenn auch nur kurze Zeit, mit Luft in Berührung kommt. Die *Corethra*-Schwimmblasen sind, wie schon erwähnt, Erweiterungen in den beiden dünnen Hauptlängsstämmen der Atemröhrchen. Diese sind hinten am Tier offen. Bei der Erstfüllung wird allem Anschein nach Luft aufgenommen, die sich in den feinen Röhrchen voran bis in die Schwimmblasen schiebt. Indessen ist die Sache nicht ganz so einfach. Denn es genügt zur Schwimmblasenfüllung die Aufnahme einer Luftmenge, die viel kleiner als der Schwimmblasenraum ist. Wir müssen daher annehmen, daß mit der Luftaufnahme zugleich die Flüssigkeit in den Atemröhrchen und Schwimmblasen aktiv vom Körper aufgesogen wird, daß dafür Gas aus der Körperflüssigkeit in die Schwimmblasen nachströmt. Übrigens gibt es andere Insektenlarven, bei denen die Erstfüllung der Luftröhren ohne jede Berührung mit atmosphärischer Luft vonstatten geht, ein Vorgang, der uns noch manches Rätsel aufgibt.

Wie aber liegen die Dinge bei den Fischen? Die Schwimmblase entsteht als Ausstülpung des Vorderdarms im Schlundbereich. Auf frühen Entwicklungsstadien ist also. immer ein Luftgang vorhanden, auch bei Arten wie Barsch, Stichling, Seepferdchen, bei denen er später verloren geht. Wesentlich ist, daß der Luftgang bei fast allen daraufhin untersuchten Formen gerade bei der Geburt noch da ist und erst im Laufe der ersten Lebenstage verschwindet. Zuvor aber hat er noch eine wichtige Aufgabe zu erfüllen.

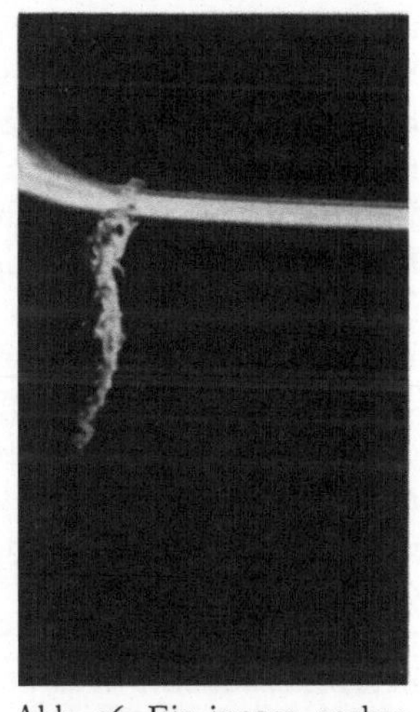

Abb. 96. Ein junges, soeben aus der Bruttasche des Männchens entlassenes Seepferdchen sucht an der Wasseroberfläche Luft zu schnappen.

Man hat bisher bei einer Reihe von Arten, solchen mit und ohne Luftgang, das Verhalten der Jungfische beobachtet und in den meisten Fällen gefunden, daß sie nach der Geburt, sofort oder erst nach einiger Zeit, an der Oberfläche Luft zu schnappen suchen (Abb. 96). Der Erfolg

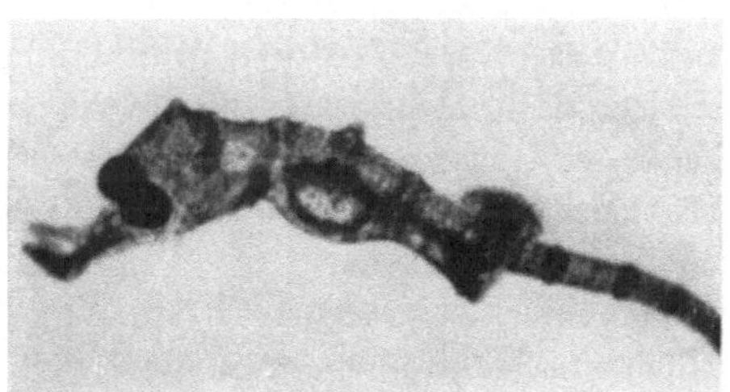

Abb. 97. Die Schwimmblase eines jungen Seepferdchens ist kurz nach dem Luftschnappen bereits prall mit Gas gefüllt.

ist eine mehr oder weniger schnelle Füllung der Schwimmblase (Abb. 97). Sperrt man die Jungen durch Gitter von der Oberfläche ab, so gelingt die Füllung nicht, obgleich zum

Beispiel bei Stichlingen und Seepferdchen in diesem Alter bereits eine Gasdrüse vorhanden ist. Nur für das erste Luftschlucken ist der bei diesen Arten bald darauf verschwindende Luftgang wichtig. Daher gelingt die Schwimmblasenfüllung nicht mehr, wenn man den Tierchen später den Weg zur Oberfläche freigibt. Man hat Stichlinge bis zum Alter von fast einem Jahr hochziehen können, ohne daß sich die Schwimmblase je mit Gas füllte. Unter natürlichen Bedingungen gehen sicher alle Jungen, denen das Luftschnappen nicht gelingt, zugrunde. Ob freilich bei allen Fischarten die Erstfüllung durch Luftschnappen erfolgen muß, ist fraglich; bei manchen Arten scheint es unnötig zu sein. Über Tiefseeformen ist in dieser Hinsicht kaum etwas bekannt.

Bei manchen Arten, insbesondere bei solchen, die zeitlebens den Luftgang behalten, wird durch das Luftschnappen die zunächst noch kleine Schwimmblase offenbar wirklich ganz gefüllt. In anderen Fällen, besonders dort, wo der Luftgang später verschwindet, genügt zuweilen das Verschlucken eines winzigen Bläschens, um eine prächtig gefüllte Schwimmblase von beträchtlicher Größe hervorzuzaubern. Was geht hier vor? Bei jungen Seepferdchen, bei denen der Luftgang wenige Tage nach der Geburt verschwindet, enthält das Schwimmblasengas wenige Minuten nach dem ersten Luftschlucken bereits etwa 80% Sauerstoff; hier liegt offenbar eine „Gassekretion" vor, wie wir sie von Erwachsenen kennen. Eine Gasdrüse ist auch bei der „Geburt", das heißt: beim Ausschlüpfen aus dem Brutsack des Männchens schon vorhanden. Es scheint, daß in den winzigen verschluckten Luftkeim die in der Gasdrüse bereits in gelöster Form vorhandenen Gase (Kohlensäure und Sauerstoff) eindringen und die Schwimmblase sehr schnell auffüllen.

So müssen wir auch dies Kapitel mit einer offenen Frage beschließen. Wir kommen, wenn wir in die Tiefe bohren, immer sehr bald an die Grenze unseres Wissens. Doch scheint uns das eher ein Vorteil als ein Nachteil zu sein. Es mag anspornen zum Weiterforschen, aber zugleich Anlaß sein, das bisher Erarbeitete weniger mit Stolz als mit Bescheidenheit anzusehen.